C语言项目化教程

彭　虎　郭　莉　刘才福 ◎ 主编

清華大學出版社
北　京

内容简介

本书首先介绍了C语言项目设计的阶段任务和C语言典型算法，然后分别从信息系统、物联网系统、游戏编程3个方面，介绍了7个具体项目的开发与设计，最后拓展了计算机相关学科竞赛知识。

本书可作为C语言程序设计课程的配套教材或参考书，也可供参加计算机相关学科竞赛的学生和工作中涉及C语言项目开发的从业者参考。

图书在版编目(CIP)数据

C语言项目化教程/彭虎，郭莉，刘才福主编. —北京：清华大学出版社，2024.3
ISBN 978-7-302-65686-9

Ⅰ.①C… Ⅱ.①彭… ②郭… ③刘… Ⅲ.①C语言-程序设计-教材 Ⅳ.①TP312.8

中国国家版本馆CIP数据核字(2024)第050878号

责任编辑：郭丽娜
封面设计：曹　来
责任校对：袁　芳
责任印制：沈　露

出版发行：清华大学出版社
网　　址：https://www.tup.com.cn，https://www.wqxuetang.com
地　　址：北京清华大学学研大厦A座　　**邮　　编**：100084
社 总 机：010-83470000　　**邮　　购**：010-62786544
投稿与读者服务：010-62776969，c-service@tup.tsinghua.edu.cn
质量反馈：010-62772015，zhiliang@tup.tsinghua.edu.cn
课件下载：https://www.tup.com.cn，010-83470410
印 装 者：三河市龙大印装有限公司
经　　销：全国新华书店
开　　本：185mm×260mm　　**印　　张**：16　　**字　　数**：384千字
版　　次：2024年5月第1版　　**印　　次**：2024年5月第1次印刷
定　　价：59.00元

产品编号：102913-01

前 言

党的二十大报告提出:“推动战略性新兴产业融合集群发展,构建新一代信息技术、人工智能、生物技术、新能源、新材料、高端装备、绿色环保等一批新的增长引擎。”随着大数据、物联网、云计算等技术的迭代升级,作为战略性新兴产业重要组成部分的新一代信息技术产业不断发展壮大,构建了新的经济增长引擎。C语言历经漫长的发展,拥有完整的理论体系,在程序设计语言中具有重要地位,对支撑新一代信息技术的发展起到举足轻重的作用。

编写本书的目的是想将“项目导入+任务驱动”理念导入C语言程序设计课程,通过校企合作,将具有创新性的工程项目移植到教材中,帮助学生更深层次地理解C语言理论知识,并进一步提升其实践能力及创新能力。除此之外,本书还拓展了计算机相关学科竞赛中涉及C语言编程中的数学基础和常用算法,力争做到产教融合、赛教一体。

本书共5篇11章。第1篇为概述,其中第1章介绍了C语言项目设计的目的、任务和主要内容等,第2章介绍了C语言典型的顺序表的排序算法和查找算法、链表的查找算法和递归算法。第2篇为信息系统,其中第3章介绍了火车票订票系统的开发与设计,第4章介绍了房产信息管理系统的开发与设计。第3篇为物联网系统,其中第5章介绍了家庭儿童房环境监控系统的开发与设计,第6章介绍了家庭农场动物自饮水监控系统的开发与设计。第4篇为游戏编程,其中第7章介绍了俄罗斯方块游戏的开发与设计,第8章介绍了贪吃蛇游戏的开发与设计,第9章介绍了五子棋游戏的开发与设计。第5篇为学科竞赛拓展,其中第10章介绍了C语言编程中的数学基础知识,第11章介绍了学科竞赛中涉及的C语言常用算法。

参加本书编写的编者是多年从事一线教学的教师,具有较为丰富的教学经验。本书由彭虎、郭莉和刘才福担任主编,邓安远审核了全书。参加编写的还有吕慧、王广兴、屈晓平、曾怡和姜皓等。江西才气软件技术有限公司组织并参与了项目案例的设计与编写，广州粤嵌通信科技股份有限公司提供了项目建议，在此表示衷心的感谢。

由于编者水平有限，书中难免有不足之处，敬请广大读者批评、指正。

编　者

2024 年 3 月

本书配套资源

目录

第1篇　概　述

第2篇 信息系统

第3篇 物联网系统

第 4 篇 游戏编程

第 5 篇 学科竞赛拓展

第1篇 概 述

C 语言是一种高效、灵活、简洁的高级编程语言，它的开发理念是“自由、开放、共享”，这与社会主义核心价值观中的“自由、平等、公正、法治”不谋而合。在学习 C 语言项目开发的过程中，需要学生分组完成任务，强调学生的团队合作精神，着重培养学生的沟通能力和团队合作意识。同时，学生通过团队合作，不断思考、尝试、改进，也培养了自己的创新精神。

第1章 C语言项目设计概述

C语言是一种高效、通用的编程语言，可以应用于许多不同领域，如嵌入式系统开发、游戏开发、网络编程、手机应用程序开发等。对于初学者来说，掌握C语言的基本知识点非常重要，如何将各个知识点融会贯通是学习的难点。C语言项目化设计使学生可以将所学知识运用到实践中，并解决一些工程问题，这对于学生综合技能的提高有非常大的帮助。

【学习目标】

1. 了解项目设计的目的和任务。
2. 掌握项目设计的主要内容。
3. 掌握项目开发各个阶段要完成的任务及软件设计文档要求。

1.1 项目设计的目的与任务

通过项目设计的实践，使学生进一步掌握C语言程序设计的基本概念、基本程序设计方法；通过设计一个或多个完整的小型项目，掌握软件开发的需求定义能力、功能分解能力、程序设计能力、代码调试技能等。C语言项目设计的目的和任务有以下几点。

(1) 进一步培养学生结构化程序设计的思想，加深对高级语言语法和控制结构的理解与运用。

(2) 掌握C语言编程和程序调试的基本技能，针对C语言中的重难点内容进行训练，为学生提供一个将理论知识和实际应用有机结合起来的机会，提高学生编写较长程序的能力。

(3) 掌握利用C语言进行软件设计的思路和方法，使学生逐步熟悉软件项目开发的基本过程，学习软件项目的设计方法，能够独立分析和解决实际问题，提高解决复杂工程问题的能力。

(4) 通过完整的系统设计，培养学生良好的程序设计习惯，并要求学生掌握程序设计不同阶段文档的撰写，积累软件项目的设计与开发经验，提高软件开发能力。

(5) 通过编程能力的锻炼，为学生学习后续专业课程打下基础。

1.2 项目设计的内容

规范的项目设计内容可以培养学生严谨科学的工作态度，有效地提高工作效率，因此必须严格执行良好的设计内容规范。项目设计包括以下几个阶段。

1. 资料的查阅以及方案的制订阶段

在查阅资料的基础上,学生对自己的选题进行功能分析与系统设计,确定系统方案。

2. 程序编写与调试阶段

学生在教师的指导下独立完成系统各功能模块的代码编写,并进行调试,指导教师对学生的编程和调试能力进行实时考查。

3. 设计报告的撰写阶段

根据软件设计不同阶段的要求,撰写软件设计报告,分别给出系统的需求分析、概要设计、详细设计、测试分析和总结。

4. 答辩考核阶段

学生完成系统设计报告之后要进行答辩,指导教师考查学生的文档编写能力。同时,学生要进行系统演示,指导教师检查系统功能完成情况、代码书写风格是否符合要求、界面设计是否合理,根据学生的综合表现给出评分。

1.3 项目设计开发阶段任务简介

项目开发由学生分组完成,可以 3～4 人一组,每个人有着不同的角色,通常有需求分析师、系统架构师、数据库设计师、软件测试员等,每组有一个组长,由组长负责分配项目任务(每个人也可身兼数职)。

1.3.1 需求分析阶段

需求分析也称为软件需求分析、系统需求分析或需求分析工程等,是开发人员经过深入细致的调研和分析,准确理解用户和项目的功能、性能、可靠性等具体要求,将用户非形式的需求表述转化为完整的需求定义,从而确定系统必须做什么的过程。这部分内容由需求分析师完成。

需求分析的基本任务是明确用户对系统的确切要求,需求分析的结果关系到软件开发的成败,完美的需求分析是系统开发的基础。需求分析阶段有以下七个基本任务。

(1) 确定目标系统的要求。需求分析阶段要确定目标系统的具体要求,包括系统运行环境要求、系统性能要求、系统功能要求和接口要求等。

(2) 建立目标系统的逻辑模型。模型分为数据模型、功能模型和行为模型。数据模型用实体关系图来描述实体之间的关系。功能模型用数据流图来描述数据在系统中移动时如何变换,以及变换数据流的功能和子功能。行为模型用状态转换图来描述系统的行为,指出作为特定事件的结果将执行哪些动作(如处理数据等)。

(3) 软件需求规格说明。需求分析阶段还需要写出软件需求规格说明,主要包括引言、信息描述、功能描述、行为描述和确认标准等。

(4) 修正系统开发计划。

(5) 制订初步系统测试计划。

(6) 编写用户手册。

(7) 编写数据要求说明书。

需求分析结束后，系统要做什么已经明确了，下一步就要考虑怎么实现系统的需求，传统的软件工程采用结构化设计(structured design，SD)，这是一种面向数据流的设计方法，目的在于确定软件的结构。结构化设计分为概要设计和详细设计两个过程。

1.3.2 概要设计阶段

概要设计也称总体设计，通常分为确定系统设计方案和系统结构设计两个阶段，同时要制订测试计划和完成概要设计文档。这部分内容由系统架构师和数据库设计师完成。

1. 确定系统设计方案

需求分析阶段的数据流图是系统总体设计的基础。将数据流图中的处理逻辑进行组合，不同的组合对应着不同的实现方案，分析各种方案，从中择优选取。

2. 系统结构设计

(1) 模块结构设计。将系统划分成模块，决定每个模块的功能、模块间的调用关系和模块间的接口，即模块间数据的传递。

(2) 系统物理配置方案设计。也就是设备配置、通信网络的选择和设计，以及数据库管理系统(database management system，DBMS)的选择等。

(3) 总体数据库设计。进行数据库设计时，首先要确定数据库结构，然后考虑数据库的完整性、安全性、一致性和优化等问题。数据库设计是系统设计的关键阶段。

3. 制订测试计划

在软件开发的设计阶段提前考虑软件测试方案，有利于提高软件的可测试性。测试计划包括测试策略、测试方案、预期测试结果和测试进度等。

4. 完成概要设计文档

概要设计是系统开发过程中关键的环节。系统的质量及一些整体特性基本上是这一步决定的。系统越大，总体设计的影响越大。

1.3.3 详细设计阶段

详细设计是对概要设计的进一步细化。概要设计主要在概念层面上对系统架构、功能架构和业务流程数据架构进行设计，而详细设计是对概念设计在物理实现层面上进行的设计，既是系统编码实现的依据，也是评估项目成果的基准，运用科学的思想和方法，设计出能最大限度满足用户需求的系统。详细设计主要包括接口设计、过程设计等，同时也要为每个模块设计测试用例。这部分内容由系统架构师完成。

1. 数据结构设计和数据库设计

在概要设计的基础上，确定每个模块的数据结构，进一步设计数据库结构。

2. 接口设计

接口设计一般包括以下三个方面。

(1) 用户接口设计。向用户提供命令以及它们的语法结构和系统应答信息等。

(2) 外部接口设计。系统与外界的所有接口安排，包括软件与硬件之间的接口，系统与各个支持软件之间的接口。

(3) 内部接口设计。设计系统内部各个模块之间的接口。

3. 过程设计

过程设计并不是具体地编写程序,而是从逻辑上设计能正确实现每个功能模块的处理过程。过程设计一般采用三种控制结构:顺序结构、选择结构和循环结构,并用这三种结构组合来描述每个模块功能的实现算法。

在过程设计时要描述程序的处理过程,可以采用图形、表格或语言类工具。通常,过程设计中可以用流程图、N-S流程图、问题分析图(problem analysis diagram,PAD)、判定表和过程设计语言(process design language,PDL)等进行描述。

4. 界面设计

界面设计的主要内容包括以下方面。

(1) 创建系统功能的外部模型。

(2) 确定用户和计算机应分别完成的任务。

(3) 考虑界面设计中交互等问题,借助工具构造界面原型。

(4) 实现设计模型并评估界面质量。

另外,在界面设计中应考虑系统响应时间、用户求助机制、出错信息和键盘命令的处理,这样会使用户体验更好,使界面设计获得用户认可。

5. 代码设计

代码的设计应具有简洁性、保密性、可扩充性和持久性。

(1) 简洁性是指代码可以减少存储空间,要求消除二义性。

(2) 保密性是指不了解编码规则的人不知道代码的含义。

(3) 可扩充性是指代码设计时要留有空间,以便在软件生命周期内增加代码。

(4) 持久性是指代码在软件生命周期内可长久使用,需要考虑代码的变更会影响数据库和程序。

6. 编写详细设计说明书

详细设计说明书包含程序的功能、性能、输入项、输出项、算法、接口和测试计划等。

1.3.4 软件测试阶段

软件分析、设计中难免会存在各种各样的错误,需要通过测试来查找错误,以保证软件的正确运行。软件测试(software testing)是一种由人工或计算机来执行或评价软件的过程,验证软件是否满足用户的需求,验证期望的结果和实际结果之间是否存在差别。这部分内容由软件测试员完成。

1. 软件测试目标

(1) 验证软件需求和功能是否得到了完整的实现。

(2) 尽早地发现软件中的程序缺陷(bug),尽可能多地发现软件中的bug。

(3) 验证软件是否可以发布。

(4) 对软件的质量、性能和效率做出合理的评估。

(5) 预防用户使用过程中可能出现的问题。

(6) 预防下个版本可能出现的问题。

2. 软件测试方法

(1) 黑盒测试。黑盒测试(black box testing)也称功能测试或数据驱动测试,它是指已知产品所应具有的功能，通过测试检测每个功能是否能正常实现。在测试时，把程序看作一个不能打开的黑盒子，在完全不考虑程序内部结构和内部特性的情况下，测试者在程序接口进行测试，它只检查程序功能是否按照需求规格说明书的规定正常使用，程序是否能适当地接收输入数据而产生正确的输出信息，并且保持外部信息（如数据库或文件）的完整性。

（2）白盒测试。白盒测试（white box testing）也称结构测试，是一种测试用例设计的方法，在这里盒子指的是被测试的软件。白盒，顾名思义，即盒子是可视的，可以清楚盒子内部的东西以及里面是如何运作的。因此，白盒测试需要测试工程师对系统内部的结构和工作原理有一个清楚的了解，并且基于此来设计用例。

3. 软件测试步骤

（1）制订测试计划。通过参考软件需求规格说明书以及项目总体计划来编写测试计划。所编写的测试计划的内容包括：测试范围（依据需求文档）；进度安排（时间进度、流程进度）；人力、物力的分配（人员有哪些，都有哪些业务点，以及相对应的资源）；制定整体测试策略；制定风险评估与规避措施。

（2）设计和编写测试用例。通过参考需求文档（原型图）、概要设计和详细设计等文档来编写测试用例，用例编写完成之后会进行评审。

（3）实施测试（执行测试用例），主要包括搭建相应的测试环境、执行冒烟测试（预测试）、进行正式的测试和回归测试等。

（4）管理缺陷（bug），提交缺陷报告。这个阶段主要是将执行测试过程中发现的 bug 提交到 bug 管理平台上，最后提交缺陷报告。

（5）生成测试总结，给出测试报告，并确认是否可以上线。

1.4 项目设计选题与考核

1.4.1 项目设计选题要求

（1）采取每组选择一个课题，成员分工合作完成课题设计，每个人的任务不同。或者每个人可任选一个课题进行设计，至少包含五个功能模块，选题确定后不能随意更改。

（2）可以选择教师提供的参考选题，也可以自选。如果自选，需要将自选题目的详细内容以及实现要求提供给教师，教师批准后方可采用。

（3）要求利用结构化程序设计方法以及 C 语言的编程思想来完成系统的设计。

（4）信息管理系统要求有欢迎界面、菜单和文件操作，数据使用数组、结构体、链表等，键盘操作或鼠标操作均可。游戏部分要求有操作界面、菜单，数据使用数组、结构体、链表等，键盘操作或鼠标操作均可。智能硬件部分要求有操作界面、显示界面，数据使用数组、结构体、链表等。

（5）要求在模块化程序设计的过程中，按功能定义函数或编写多个文件，进行模块化设计，各个功能模块用函数的形式实现。

1.4.2 项目设计考核

项目设计可以通过对学生的学习态度、独立分析问题及解决问题的能力、创新能力、程序文档撰写能力、答辩水平(语言表达能力)等方面进行考核,具体考核内容见表 1-1。

表 1-1 项目设计考核评分标准

序号	考核标准	分值
1	学习态度与遵守纪律的情况	10
2	了解项目设计任务,查阅相关资料,阅读相关参考文献的水平	10
3	能够运用所学知识进行项目方案论证、数据结构设计、存储结构设计	10
4	编写代码并调试,完成项目设计报告	20
5	实际工作量完成情况,项目演示和创新性	50

在项目设计过程中,指导教师可对学生进行 2～3 次进度检查,通过进度检查了解学生项目设计过程中出现的问题,记录学生的系统进展情况,帮助学生解决过程中的问题。进度检查情况也可作为指导教师最后成绩评定的依据。

在项目设计结束后,学生上交一份项目设计报告、系统设计的源代码及操作说明,作为指导教师最后成绩评定和成绩复查的资料。指导教师还可以根据课程实际需要,要求学生上交与系统相关的其他资料。

能力测试

各小组在组长分配任务之后,完成需求分析报告和概要设计报告。

第2章 C语言典型算法实现

本章将学习C语言中常用的算法实现，首先要了解算法的基本概念、算法的特征及描述方法，其次要掌握常用的顺序表的排序算法、查找算法和链表的查找算法、递归算法等。

【学习目标】

1. 掌握算法的基本概念、算法的描述方法。
2. 掌握排序算法、查找算法和递归算法。
3. 能用C语言实现典型算法的描述。

2.1 算法概述

算法是在有限步骤内解一个数学问题的过程，步骤中常常包括某一重复的操作。更广义地说，算法就是逐步解一个问题或实现某一目标的过程。瑞典著名计算机科学家尼克劳斯·沃思提出了程序定义的著名公式"程序＝算法＋数据结构"。也就是说，程序应包含两方面的内容，即描述操作的算法和描述数据的结构。

2.1.1 算法的概念

从已知的数据出发，到得出所要求解的结果，往往需要经过一系列的处理过程。对某一特定问题的一组有限的求解过程步骤就是算法。注意，这里的"算法"不是数学中的"计算方法"的缩语，这里所说的"算法"只包含有限的步骤，而"计算方法"有时是无限的过程。算法不仅是指数学运算，也指根据需要而进行的逻辑判断。广义地来说，算法是为解决一个问题而采取的方法和步骤，即解题方案详细而完整的描述。

【例2-1】 输入3个数，找出其中的最大值并输出

分析：假如这3个数分别用 a、b、c 表示，其中的最大值用 max 表示。由于计算机一次只能比较两个数，所以首先可以将 a 和 b 进行比较，把其中较大的数放入 max 中，再将 max 与 c 进行比较，将较大的数放入 max 中。最后将 max 输出，此时 max 中的值就是 a、b、c 中的最大值。由此可以将求解这一问题的算法描述如下。

步骤1：输入3个数分别放到 a、b、c 中。

步骤2：将 a 与 b 进行比较，将其中较大的数放入 max 中。

步骤3：将 c 与 max 进行比较，将其中较大的数放入 max 中。

步骤4：输出 max 的值。

2.1.2 算法的特性

1. 输入性

一个算法要具有 0 个或多个外部量作为算法的输入，这些外部量通常体现为算法中的组变量，有些输入量需要在算法执行过程中输入。从表面上看，有些算法好像没有输入量，但实际上是输入量已被嵌入算法中。

2. 输出性

一个算法必须具有 1 个或多个输出，以反映算法对输入数据加工后的结果，没有输出的算法是毫无意义的。

3. 确定性

算法的每一个步骤必须具有确定的定义，即每一步要执行的动作是确定的，是无二义性的。在任何条件下，算法只有唯一的一条执行路径，即对于相同的输入，得出的输出结果也是相同的。

4. 有穷性

对于任何合法的输入值，算法必须在执行有限步骤之后结束，并且每一步都可以在有限的时间内完成。

5. 可行性

算法中描述的操作都可以通过基本运算的有限次执行来实现，即算法的具体实现应该能够被计算机执行。

6. 多样性

一个具体问题可以有不同的解决方法，因此可以设计解决问题的不同算法，对不同的算法进行分析优化，从中选择最优算法。

7. 健壮性

健壮性指一个算法除了能对合法的输入数据得到正确的结果外，还应对非法的输入数据做出正确合理的处理。一般情况下，应向调用它的函数返回一个表示错误或错误性质的值。

2.1.3 算法的描述形式

算法的描述形式多种多样，不同的算法描述形式对算法的质量有一定的影响。描述同一个算法可以采用自然语言、流程图、伪代码和程序设计语言等，常用的描述算法的方法有如下四种。

1. 自然语言描述法

最简单地描述算法的方法是使用自然语言，用自然语言描述算法的优点是简单且便于人们对算法的理解和阅读；缺点是不够严谨，易产生歧义，当算法比较复杂且包含很多转移分支时，用自然语言描述就不是那么直观清晰了。

2. 流程图描述法

流程图用图框表示操作，简单、形象直观，容易理解，所以人们经常采用流程图作为算法的描述工具。但流程图画起来较麻烦，且占用篇幅较多，当算法比较复杂时，画流程图既费时又不方便。用流程图描述的算法距离程序较远，转换为程序较难。

流程图的画法有很多种，如传统流程图、N-S 流程图和 PAD 等。传统流程图以其简单、直观、易学和易用等特点被广泛使用。传统流程图中主要的元素如图 2-1 所示。

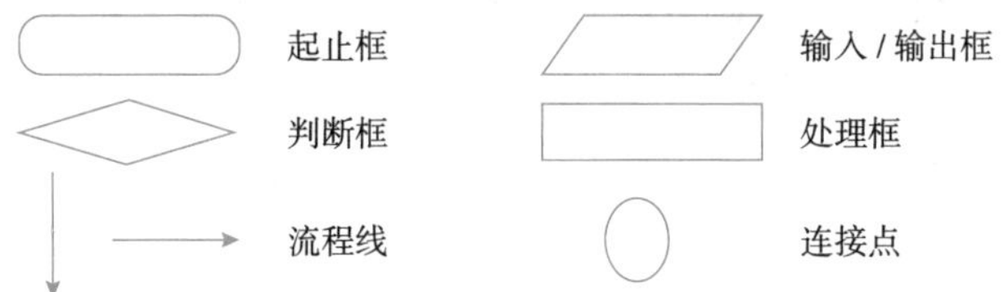

图 2-1 传统流程图中主要的元素

其中，起止框代表算法的开始或结束；输入/输出框用来表示算法的输入操作或输出操作；判断框用于显示判断条件；处理框用来表示对数据等的各种处理；当流程图比较大，在一页画不下时，可画到另一页，并用连接点进行连接。

例如，例 2-1 中求 3 个数中的最大值的算法可用传统流程图的方式描述，如图 2-2 所示。

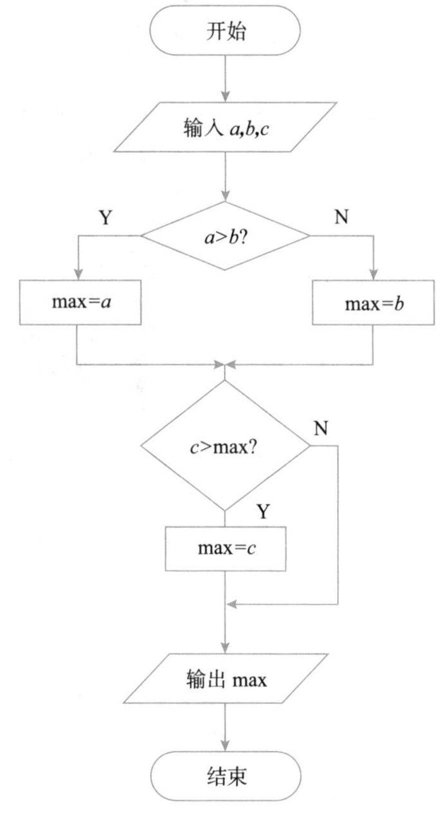

图 2-2 求最大值的传统流程图

3. 伪代码语言描述法

用上述两种方法描述的算法并不能够直接在计算机上执行。为了解决理解与执行之间的矛盾，人们常常使用一种称为伪代码语言的描述方法对算法进行描述。伪代码语言介于高级程序设计语言和自然语言之间，它忽略了高级程序设计语言中一些严格的语法规则与描述细节，因此比程序设计语言更容易描述和被人理解，比自然语言或算法框图更接近程序设计语言。

4. 高级程序设计语言描述法

高级程序设计语言描述法是使用特定的可以直接在计算机上执行的程序描述算法。优点是不用转换,直接可以编译执行;缺点是需要理解特定的程序设计语言。大部分算法需要通过向计算机发送一系列命令的程序来实现。

2.2 排序算法

2.2.1 冒泡排序法

冒泡排序(bubble sort)是一种简单的排序算法。它重复地走访要排序的元素列,依次比较两个相邻的元素,如果顺序错误就把它们交换过来。走访元素列的工作是重复进行的,直到没有相邻元素需要交换为止,也就是说该元素列已经排序完成。这个算法的名字由来是因为越小的元素会经由交换慢慢“浮”到元素列的顶端。

1. 算法描述

(1) 比较相邻的元素。如果第 1 个比第 2 个大,就交换它们两个。

(2) 对每一对相邻元素做同步骤(1)的操作,从开始第一对到结尾的最后一对,这样最后的元素就应该是最大的数。

(3) 除了最后一个元素,针对所有元素重复以上的步骤。

(4) 重复步骤(1)~(3),直到排序完成。

2. 程序实现要点提示

(1) 从上述算法描述可以看出,每一趟只能将一个数据排序到位,如果有 n 个数据待排序,那么就要排序 $n-1$ 趟。

(2) 每一趟内部都从第 1 个数据开始,相邻数据两两比较大小,也就是说,每趟内部都要做若干次比较。

由上述分析可以看出,程序实现时需要使用双重循环控制,外循环控制排序的趟数,内循环控制每趟排序内部完成的比较次数。

详细代码实现如下:

```
#include <stdio.h>
#define N 10
int a[N] = {28,39,12,8,79,92,14,21,18,5};
int main()
{
    int i,j,t;
    for(i = 0;i<N - 1;i + + )
    {
        for(j = 0;j<N - 1;j + + )                    //从 0 开始,两两比较
        if(a[j]>a[j + 1])                            //两数无序,交换调整
        {
            t = a[j];
            a[j] = a[j + 1];
```

```
            a[j+1]=t;
        }
    }
    for(i=0;i<10;i++)                        //输出排序之后的顺序表
    printf("%4d",a[i]);
    return 0;
}
```

程序运行结果如图 2-3 所示。

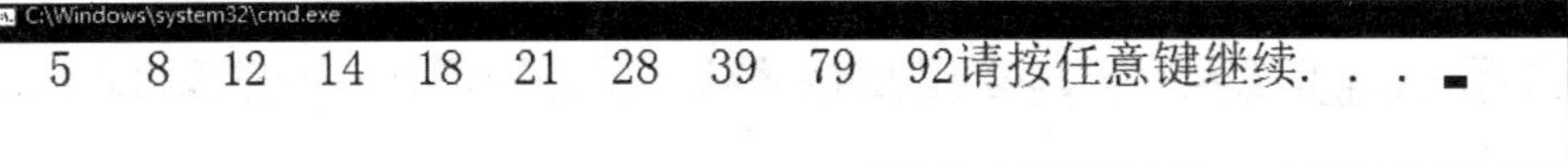

图 2-3 冒泡排序运行结果

2.2.2 选择排序法

选择排序(selection sort)是一种简单直观的排序算法。它的工作原理是:首先在待排序序列中找到最小(大)元素,存放到序列的起始位置;再从剩余未排序元素中继续寻找最小(大)元素,放到已排序序列的末尾。以此类推,直到所有元素均排序完毕。

1. 算法描述

n 个记录的选择排序可经过 $n-1$ 趟选择排序得到有序结果,具体算法描述如下。

(1) 初始状态:无序区为 R[1…n],有序区为空。

(2) 第 i 趟排序($i=1,2,3,\cdots,n-1$)开始时,当前有序区和无序区分别为 R[1…$i-1$]和 R[i…n]。该趟排序从当前无序区中选出关键字最小的记录 R[k]($k\in[1,n]$),将它与无序区的第 1 个记录 R 交换,使 R[1…i]和 R[$i+1$…n]分别变为记录个数增加 1 个的新有序区和记录个数减少 1 个的新无序区。

(3) $n-1$ 趟结束,数组实现有序化。

2. 程序实现要点提示

(1) 从上述算法分析中可以看出,在第 i 趟排序中,正确位置已定(i),要在循环过程中找出实际位置 j,循环结束后如果 $i!=j$,则交换 i 和 j 位置上的值。

(2) 为了提高效率,选择排序是确定实际位置之后才交换的。

详细代码实现如下:

```
#include <stdio.h>
#define N 10
int a[N]={2,9,12,8,7,18,14,21,18,5};
int main()
{
    int i,j,k,t;
    for(i=0;i<N-1;i++)
    {
        j=i;                                 //i为正确位置,j为实际位置,假设i==j
        for(k=i+1;k<N;k++)
            if(a[k]<a[j])
```

```
            j = k;                     //得到最小值的实际位置 j
        if(i! = j)
        {t = a[i];  a[i] = a[j];   a[j] = t;}
    }
    for(i = 0;i<N;i + + )
        printf(" % 4d",a[i]);
    return 0;
}
```

程序运行结果如图 2-4 所示。

图 2-4 选择排序运行结果

2.2.3 插入排序法

插入排序(insertion sort)是一种简单直观的排序算法。它的工作原理是:通过构建有序序列,对于未排序数据,在已排序序列中从后向前扫描,找到相应位置并插入。

1. 算法描述

一般来说,插入排序采用 in-place(原位操作,即当前位置上操作)在数组上实现。具体算法描述如下:

(1) 从第一个元素开始,该元素可被认为已经被排序。

(2) 取出下一个元素,在已经排序的元素序列中从后向前扫描。

(3) 如果该元素(已排序)大于新元素,将该元素移到下一位置。

(4) 重复步骤(3),直到找到已排序的元素小于或者等于新元素的位置。

(5) 将新元素插入该位置。

(6) 重复步骤(2)~(5)。

2. 程序实现要点提示

插入排序在实现上,通常采用 in-place 排序,因而在从后向前扫描过程中,需要反复把已排序元素逐步向后挪位,为最新元素提供插入空间。

详细代码实现如下:

```
#include <stdio.h>
#define N 10
int a[N] = {4,3,12,8,79,7,14,0,3,5};
int main()
{
    int i,j,k,x;
    for(i = 1;i<N;i + + )
        {
            x = a[i];                  //将当前需要排序的数据赋值给变量 x
            for(j = 0;j< = i - 1;j + + )
                if(x< = a[j])
```

```
            break;                          //和有序数列中的数据比较,确定插入位置 j
            for(k = i - 1;k> = j;k - - )
                a[k + 1] = a[k];            //插入位置之后的所有元素依次右移
            a[j] = x;                       //将 x 插入正确位置上
        }
    for(i = 0;i<N;i + + )
            printf(" % 4d",a[i]);
    return 0;
}
```

程序运行结果如图 2-5 所示。

```
C:\Windows\system32\cmd.exe
  0   3   3   4   5   7   8  12  14  79请按任意键继续. . .
```

图 2-5 插入排序运行结果

2.3 查找算法

查找是在大量的信息中寻找一个特定的信息元素,在计算机应用中,查找是常用的基本运算,如顺序表的查找、链表的查找等。

2.3.1 顺序查找

顺序查找(sequential search)适合于存储结构为顺序存储或链接存储的线性表。顺序查找也称为线性查找,属于无序查找算法。从数据结构线性表的一端开始,按顺序扫描,依次将扫描到的结点关键字与给定值 key 相比较,若相等则表示查找成功;若扫描结束后仍没有找到关键字等于 key 的结点,则表示查找失败。

1. 算法描述

(1) 从数组的第一个(或最后一个)元素开始,逐个与给定值 key 比较。

(2) 若某个数据元素值与给定值 key 相等,则查找成功。

(3) 若已查找完整个数组,仍未找到某个数据元素值与查找给定值 key 相等,则查找不成功。

2. 程序实现要点提示

在查找过程中,设置标志位 flag,初始值为 0,当查找成功时,置标志位 flag 为 1,查找结束之后,若标志位依然为 0,则表示查找失败。

详细代码实现如下:

```
#include <stdio.h>
#define N 10
int main()
{
    int a[N],i,key,flag = 0;
    for(i = 0;i< = N - 1;i + + )
```

```
        scanf(" %d",&a[i]);                     //输入数组中每个元素的值
    scanf(" %d",&key);                          //输入查找关键字
    for(i=0;i<=N-1;i++)
        if(a[i]==key){
            flag=1;
            printf(" %d\n",i);                  //查找成功,输出位置
            break;
        }
    if(flag==0)
            printf("No!\n");                    //查找失败,输出提示信息
    return 0;
}
```

程序运行结果如图 2-6 所示。

```
C:\Windows\system32\cmd.exe
1 2 3 4 5 6 7 8 9 10
7
6
请按任意键继续. . .
```

图 2-6 顺序查找运行结果

2.3.2 折半查找

折半查找(binary search)也称为二分法查找,属于有序查找算法。先用给定值 key 与中间结点的关键字比较,中间结点把线性表分成两个子表,若相等则查找成功;若不相等,再根据 key 与该中间结点关键字的比较结果确定下一步查找哪个子表,这样递归进行,直到查找到或查找结束发现表中没有这样的结点。

1. 算法描述

(1) 确定查找范围:low 指向查找范围的下界位置(最小下标);high 指向查找范围的上界位置(最大下标);mid=(low+high)/2,即 mid 指向查找范围的中间位置。

(2) key 和 a[mid]比较:key==a[mid],查找成功;key!=a[mid],再次确定查找范围。若 key>a[mid],则 low=mid+1,mid=(low+high)/2;若 key<a[mid],则 high=mid−1,mid=(low+high)/2。

重复执行步骤(1)~(2)。

2. 程序实现要点提示

折半查找属于有序(数值有序)查找,因此,在查找之前必须保证数组中的元素值是有序的,如果数组中的元素无序,必须调用排序算法对数组进行排序。

详细代码实现如下:

```
#include <stdio.h>
#define N 10
int main()
{
    int a[N]={1,2,3,4,5,6,7,8,9,10},key,low=0,high=N-1,mid,flag=0,i;
    scanf(" %d",&key);
```

```
    while(low< = high)
    {
        mid = (low + high)/2;
        if(key = = a[mid])
        {
            flag = 1;
            printf(" % d\n",mid);                    //输入查找关键字
            break;
        }
        else if(key<a[mid])
            high = mid - 1;
            else
                low = mid + 1;
    }
    if(flag = = 0)  printf("No!\n");                //查找失败,输出提示信息
    return 0;
}
```

程序运行结果如图 2-7 所示。

```
C:\Windows\system32\cmd.exe
5
4
请按任意键继续. . .
```

图 2-7 折半查找运行结果

2.4 递归算法

在数学与计算机科学中,递归(recursion)是指在函数的定义中使用函数自身的方法。实际上,递归顾名思义包含了两个意思:递和归,这正是递归思想的精华所在。递是指递归问题必须可以分解为若干个规模较小、与原问题形式相同的子问题,这些子问题可以用相同的解题思路来解决;归是指这些问题的演化过程是一个从大到小、由近及远的过程,并且会有一个明确的终点(临界点),一旦到达了这个临界点,就不用再往更小、更远的地方走下去。最后,从这个临界点开始,原路返回原点,原问题解决。

1. 递归算法三要素

(1) 明确递归终止条件。

(2) 给出递归终止时的处理办法。

(3) 提取重复的逻辑,缩小问题规模。

2. 递归的应用场景

在实际学习工作中,递归算法一般用于解决以下三类问题。

(1) 问题的定义是按递归定义的(Fibonacci 函数、阶乘等)。

(2) 问题的解法是递归的(有些问题只能使用递归方法来解决,如汉诺塔问题)。

(3) 问题对象的数据结构是递归的(链表、树等的操作,包括树的遍历、树的深度等)。

3. 递归与循环的比较

递归与循环是两种不同的解决问题的典型思路。递归通常很直白地描述一个问题的求解过程,因此也是最容易被想到的解决方式。循环其实和递归具有相同的特性,即做重复的任务,但有时使用循环的算法并不会那么清晰地描述解决问题的步骤。单从算法设计上看,递归和循环并无优劣之分。然而,在实际开发中,因为函数调用的开销,递归常常会带来性能问题,特别是在求解规模不确定的情况下;而循环因为没有函数调用开销,所以效率会比递归高。

4. 递归经典案例

1) 阶乘

在数学上,阶乘定义如下:

$$F(n)=n\times F(n-1)$$

详细代码实现如下:

```
#include <stdio.h>
#define N 10
long fun(long n)
{
    if(n == 1)                          //递归终止条件
        return 1;                       //简单情景
    else
        return n * fun(n-1);            //相同重复逻辑,缩小问题的规模
}
int main()
{
    long n;
    long fun(long n);
    scanf("%ld",&n);
    printf("%ld! = %ld",n,fun(n));
    return 0;
}
```

程序运行结果如图 2-8 所示。

```
C:\Windows\system32\cmd.exe
3
3!=6请按任意键继续. . .
```

图 2-8 阶乘递归实现结果

2) 斐波那契数列

在数学上,斐波那契(Fibonacci)数列被以递归的方法定义如下:$F(0)=0$,$F(1)=1$,$F(n)=F(n-1)+F(n-2)$($n\geqslant 2, n\in \mathbf{N}^*$)。

详细代码实现如下:

```
#include <stdio.h>
#define N 10
```

```
int fibonacci(int n)
{
    if (n = = 1 || n = = 2)                          //递归终止条件
        return 1;                                    //简单情景
    else
    return fibonacci(n - 1) + fibonacci(n - 2);      //相同重复逻辑,缩小问题的规模
}
int main()
{
    int n;
    int fibonacci(int n);
        printf("fibonacci 数列前 10 项:\n");
    for(n = 1;n<10;n + + )
        printf(" %d",fibonacci(n));
    return 0;
}
```

程序运行结果如图 2-9 所示。

```
C:\Windows\system32\cmd.exe
fibonacci数列前10项:
1  1  2  3  5  8  13  21  34  请按任意键继续. . .
```

图 2-9 斐波那契数列递归实现结果

3）折半查找

在折半查找中,比较过程是:若 key==a[mid],则查找成功;若 key!=a[mid],再次确定查找范围(key>a[mid],low=mid+1,mid=(low+high)/2;key<a[mid],high=mid-1,mid=(low+high)/2)。查找范围确定之后再次调用比较,可以用递归实现。

详细代码实现如下:

```
#include <stdio.h>
#define N 10
int binarySearch(int a[], int low, int high, int key) {
                                    //递归终止条件
    if(low <= high){
        int mid = (low + high)/2;
        if(a[mid] = = key)
        {
            return mid;             //返回目标值的位置,从 0 开始
        }
        else if(a[mid] > key){//由于 array[mid]不是目标值,因此再次递归搜索时,可以将其排除
            return binarySearch(a, low, mid - 1, key);
        }
        else
        {
                                    //由于 array[mid]不是目标值,因此再次递归搜索时,可以将其排除
            return binarySearch(a, mid + 1, high, key);
        }
    }
```

```
        return - 1;           //表示没有搜索到
}
int main()
{
    int a[N] = {1,2,3,4,5,6,7,8,9,10},key,low = 0,high = N - 1,mid,flag = 0,i;
    scanf("%d",&key);
    if(binarySearch(a,0,9,key) = = - 1)
        printf("no");
    else
        printf("position is: %d",binarySearch(a,0,9,key));
    return 0;
}
```

若查找成功,则程序运行结果如图 2-10 所示。

```
C:\Windows\system32\cmd.exe
5
position is:4请按任意键继续. . .
```

图 2-10　折半查找成功运行结果

若查找失败,则程序运行结果如图 2-11 所示。

```
C:\Windows\system32\cmd.exe
999
no请按任意键继续. . .
```

图 2-11　折半查找失败运行结果

能 力 测 试

学校举行演讲比赛,一共 50 人参加,有 10 个评委依次对选手打分,选手的最后得分:去掉一个最高分,去掉一个最低分,求剩下 8 个评委的平均分,该平均分即为该选手的最后得分。编程按最后得分从高到低输出所有人的成绩,要求程序交互性良好,输入、输出整齐。

第 2 篇　信息系统

自 20 世纪 60 年代以来，信息技术飞速发展，特别是 21 世纪，互联网应用加速普及，在全球范围内掀起了信息革命的发展浪潮。这是工业革命以来影响最为广泛和深远的历史变革，给人类的生产生活方式乃至经济社会各个领域都带来了前所未有的深刻变化。

从中华人民共和国成立初期“一辆汽车、一架飞机、一辆坦克、一辆拖拉机都不能造”，到创造举世瞩目的社会主义现代化建设伟大成就，中国人民一路奋起直追、勇毅前行。在沧桑巨变中，中国大踏步赶上了时代，阔步迈入信息革命的历史进程。

党的十八大以来，在以习近平同志为核心的党中央掌舵领航下，新时代的中国乘势而上、奋楫前行，在风云激荡的时代画卷上书写了信息化发展的精彩篇章。信息系统就是应用技术处理信息流的人机一体化系统。响应党的号召，服务于人民学习、工作和生活的各种信息系统全面提升了社会主义现代化进程。

第3章　火车票订票系统

新型冠状病毒感染疫情三年，我国人民为了更好地配合防疫政策的实施，极大地约束了个人的出行行为。正因如此，疫情过后，2023年“五一”假期出行人数迎来井喷式增长，大约有2.4亿人选择了出游，我国的飞机、火车、客车等交通设施承担的运输压力甚至超过了2023年的春运规模。这是人们消费信心复苏的结果，也意味着疫情阴霾终消散，国家经济复苏已然开启。

值得注意的是，庞大的人口出行，让我国的客运系统承受了巨大的压力。得益于我国铁路网络的高效性，人们往往会将铁路运输作为个人出行的首选，并普遍使用“铁路12306”系统进行线上购票。有人说，“铁路12306”系统可以称得上是地表最强系统之一，因为它在成功实现100万人同时抢到1万张火车票的同时，还能保证系统正常、稳定运行。它的研发投入之大，反映了国家为切实解决民生问题并始终贯彻为人民服务精神的坚定决心。

由此可见，建立高效的火车票订票系统，利用计算机技术对火车信息进行管理，可以进一步提高铁路运输的数字化水平和铁路部门的办事效率，在为旅客提供优质的旅途服务的同时，产生巨大的经济效益，实现铁路部门和旅客的双赢局面。本章将介绍运用C语言程序设计具有图形界面的火车票订票系统。

【学习目标】

1. 掌握设计数据结构来存储数据。
2. 掌握设计链表结点来封装实体信息。
3. 掌握设计链表结构来管理实体的记录。
4. 强化学习链表的创建、插入、查找、修改和删除等基本操作。
5. 熟悉利用time.h中的函数获取系统的日期和时间。

3.1　设计目的

我国的铁路一直都是人口出行的主要交通工具，在传统的线下票务咨询和窗口购票方式下，每逢节假日，火车站就会出现“人从众”现象，人们在花费大量的时间和精力之后，都不一定能成功购票(因为没能实时掌握火车班次信息和余票情况)。更严重的是，这种线下操作的方式给了“黄牛党”可乘之机，他们大量囤积火车票，使人民群众增加了交通运输成本，同时，也间接给国家带来了经济损失。基于我国的基本国情，利用计算机技术，为人们提供一个线上的实时火车票购买系统以满足人民群众日益增长的出行需求。用户可以通过该系统实时地掌握火车班次、路线、票价及余票等基本信息，并高效地完成火车票的购买。

3.2 需求分析

项目的具体任务是制作一个火车票订票系统，以用户预订火车票的一系列流程为主线。该系统可为用户提供多项基本服务。

1. 录入火车班次信息

可不定时添加火车的班次、始发站、终点站、发车日期、出发时间、到达时间、票价和余票等信息。

2. 浏览火车班次信息

可显示所有火车班次的当前状态(如果当前系统时间超过了某班次的发车时间，则显示“此班已发出”的提示信息)。同时，还给用户提供了附加选项，用户可以根据需要选择“按班次排序”或“按发车时间排序”显示火车班次信息。

3. 查询可预订的火车票信息

可按火车“班次”或“终点站”信息查询可预订的火车票信息，支持标准格式输出火车票信息。

4. 更新火车信息

根据实际需求更新火车基本信息。

5. 售票和退票功能

(1) 当查询到已订票人数小于额定载量且当前系统时间早于发车时间时才能售票，售票时同时具备选座功能，售票完成后，自动更新已售票人数。

(2) 退票时，输入退票的班次，当本班车未发出时才能退票，自动更新已售票人数。

6. 退出系统功能

用户完成操作后退出系统。

3.3 总体设计

3.3.1 功能模块设计

火车票订票系统功能模块思维导图如图 3-1 所示。

1. 录入火车班次信息模块设计

录入火车班次信息模块可以格式化连续录入多条火车班次信息，包括火车班次、始发站、终点站、发车日期、出发/到达时间、票价及余票等基本信息。如果用户输入“Y”或“y”，则表示信息录入结束，返回主菜单。另外，在信息录入时，还需要进行火车班次重名判断、火车日期合法性判断、火车票价合法性判断、火车余票合法性判断和出发/到达时间合法性判断，如果录入了非法数据，则要求用户重新录入，以保障录入数据的合法性和正确性。

2. 浏览火车班次信息模块设计

使用浏览班次信息模块可浏览所有火车班次信息。在火车班次信息非空的前提下，依次输出显示所有火车的班次信息，包括火车班次、始发站、终点站、发车日期、出发时间、到达时间、票价、余票及状态信息。其中，状态信息需要对火车的出发时间和当前时间进行比较，

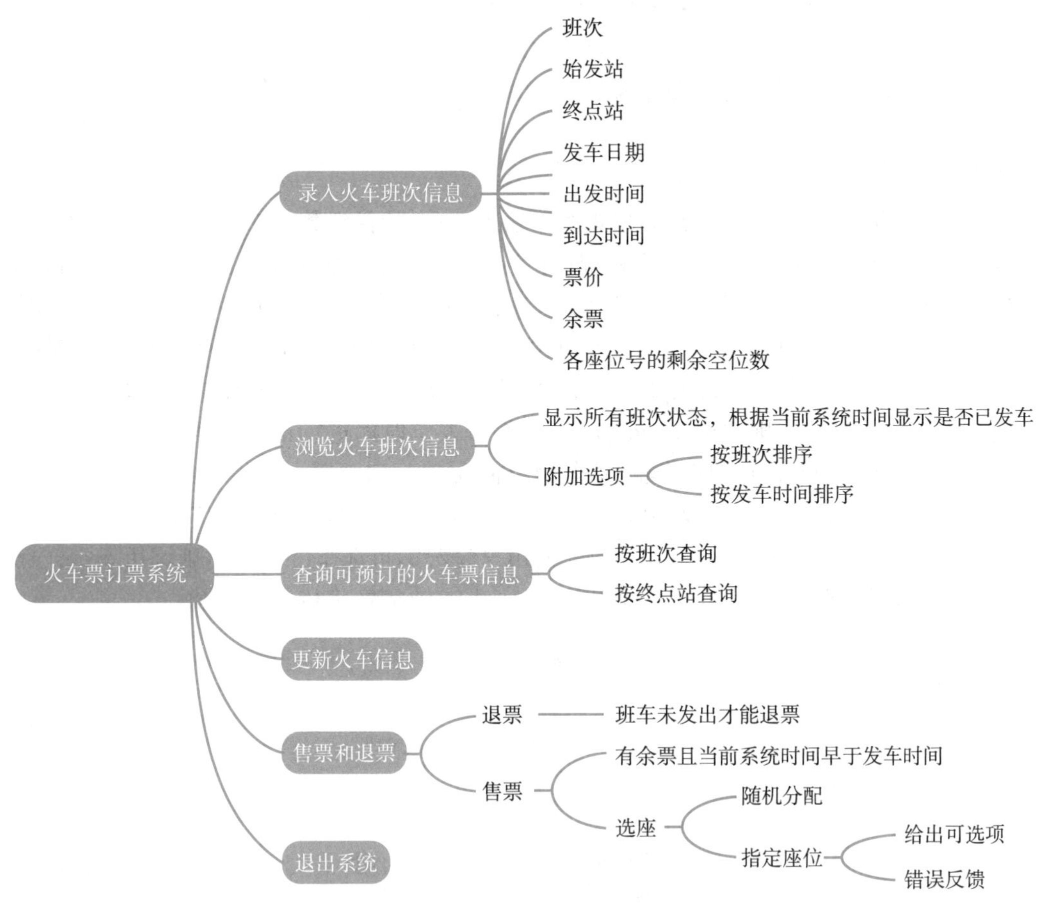

图 3-1　火车票订票系统功能模块思维导图

以判断该班次火车是否已经发车。用户在浏览班次信息时，可以选择“按班次排序”或者“按发车时间排序”显示火车班次信息。

3. 查询可预订的火车票信息模块

可根据火车的“班次”或者“终点站”查询可预订的火车票信息。可预订的火车，前提是预定的火车班次存在且有余票，基于此，方可显示相应的火车票信息。

4. 更新火车信息模块设计

用户使用更新火车信息模块可以修改指定班次火车的相关信息。在火车信息非空的前提下，用户可以指定火车班次并进行相应的火车班次信息修改。修改之前，必须保证欲修改的火车班次是存在的。

5. 售票模块设计

售票模块实现用户线上购买火车票。要求用户欲购买的火车班次存在、火车有余票且尚未发车，基于以上前提，用户可以根据需要购买火车票。对于选座，用户有两个选项：由系统随机选择和由用户指定座位（若用户指定座位已经全部售出，则由系统随机分配）。火车票售出后，火车余票数据即时更新。

6. 退票模块设计

用户可线上退回已经购买的火车票。用户在退票时，必须保证当前火车并未发车，否则不予以退票，退票完成后，火车余票信息即时更新。

7. 退出系统模块

用户结束操作时，可选择退出系统。

3.3.2 程序处理流程

系统执行初始显示主菜单界面，用户可以输入 0～5 的任意数字来选择执行某一系统功能，若用户输入其他字符，则提示："输入错误！请重新输入!"，谨防用户的非法操作。具体的系统功能处理流程如图 3-2 所示。若用户输入 0，则 menu_flag=false，用户退出系统。若用户输入 1，则调用 input()函数，循环录入火车班次信息。若用户输入 2，则调用 output()函数，浏览火车班次信息；若选择附加选项 2.1，则调用 IdSort()函数，按班次进行排序并显示火车信息；若选择附加选项 2.2，则调用 TimeSort()函数，按发车时间进行排序并显示火车信息。若用户输入 3，可按不同条件查询火车信息；若用户输入 3.1，则调用 search_id()函数，按班次查询火车信息；若用户输入 3.2，则调用 search_to()函数，按终点站查询火车信息。若用户输入 4，则调用 updateinfo()函数，更新火车信息。若用户输入 5，再选择输入 5.1，则调用 order()函数，完成售票；用户选择输入 5.2，则调用 returnticket()函数，完成退票手续。

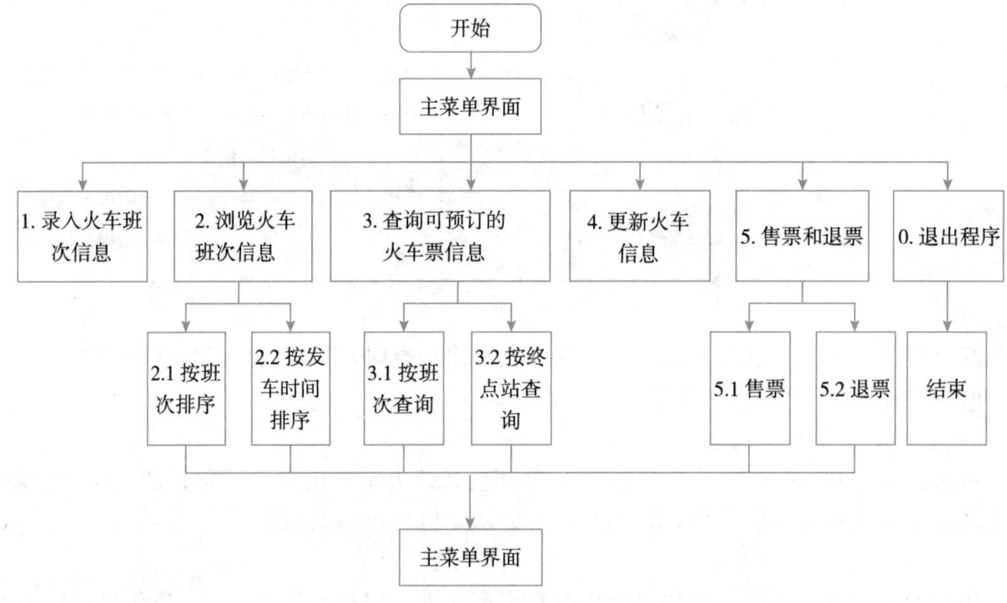

图 3-2 火车票订票系统处理流程

3.4 详细设计与实现

3.4.1 预处理及数据结构

1. 头文件设计

```
#include <stdio.h>                    //标准输入输出函数库
```

```
#include <string.h>                         //字符串处理函数库
#include <time.h>                           //时间函数库
#include <windows.h>                        //Windows 内核 API,图形界面接口,图形设备等
                                            //函数库
#include <stdlib.h>                         //标准函数库
```

2. 宏定义设计

```
#define STR_LEN 40                          //限制数组长度
#define TRAIN_LEN 400
```

3. 数据结构设计

```
typedef struct train                        //定义一个关于班次信息的结构体,取名为 train
{
    char id[10];                            //班次
    char from[STR_LEN];                     //始发站
    char to[STR_LEN];                       //终点站
    char date[STR_LEN];                     //发车日期
    char start_time[20];                    //出发时间
    char arrive_time[20];                   //到达时间
    double fare;                            //票价
    int ticket_num;                         //余票
    int seat_a, seat_b, seat_c, seat_e, seat_f;//该班次座位号的剩余数量
}TRAIN;

typedef struct node                         //链表存储
{
    TRAIN data;
    struct node * next;
}NODE, *LINK;
```

4. 全局变量

```
LINK l;                                     //声明链表
```

5. 函数声明

```
bool menu();                                //用户主菜单界面
bool input();                               //录入火车班次信息
void except_id(NODE * p);                   //判断是否重名
void judge_date(NODE * p);                  //判断日期
void judge_money(NODE * p);                 //判断票价是否合理
void judge_ticket(NODE * p);                //判断余票是否合理
void judge_time(NODE * p);                  //判断时间
void output();                              //浏览火车班次信息
void search_id();                           //按班次查询火车信息
void search_to();                           //按终点站查询火车信息
void updateinfo();                          //更新火车信息
void returnticket();                        //火车退票
void order();                               //火车售票
NODE * IdSort(NODE * &l, NODE * &r);        //按班次排序
NODE * TimeSort(NODE * &l, NODE * &r);      //按发车时间(即发车日期、发车时间)排序
```

```
NODE * merge_sort(NODE * & head, int st);        //排序主函数 - 归并
void seat_selection(NODE * p);                  //根据余票对座位进行分配
```

3.4.2 主函数

1. 功能设计

火车票订票系统从主函数开始执行，主函数通过调用 menu()函数的方式形成系统菜单界面，供用户进行操作选择。

2. 实现代码

1）menu()函数

该函数用于显示系统主菜单界面，主菜单提供 0～5 共 6 个不同的功能选项供用户选择。使用多分支语句 switch 对用户的选择作出分支判断，在不同分支内分别调用实现对应功能的函数。

```
bool menu()
{
    bool menu_flag = true;    //控制主菜单的循环,false 即退出循环(结束程序)

    puts("=============================================================\n");
    printf("\t\t\t  火车票订票系统\n\n");

    printf("\t~~~~~~~~~~~~~~~~~~~~~~~~~~~~~~~~~~~~~~~~~~~~~~~~~~~~~~~~~~~~\n\n");
    printf("\t\t      1. 录入火车班次信息\n");
    printf("\t\t      2. 浏览火车班次信息\n");
    printf("\t\t      3. 查询可预订的火车票信息\n");
    printf("\t\t      4. 更新火车信息\n");
    printf("\t\t      5. 售票和退票\n");
    printf("\t\t      0. 退出程序\n\n");

    printf("\t~~~~~~~~~~~~~~~~~~~~~~~~~~~~~~~~~~~~~~~~~~~~~~~~~~~~~~~~~~~\n\n\n");
    puts("==============================================================");

    printf("\n 请输入选项: ");
    char choice[2];
    scanf("%s", choice);

    switch (choice[0] - '0')
    {
        case 0:
        {
            menu_flag = false;
            printf("\n 已退出程序,感谢使用!\n");
        }; break;
        case 1:
        {
            system("cls");
            puts("已选择: 1. 录入火车班次信息");
            while (input());
```

```
}; break;
case 2:
{
    system("cls");
    puts("已选择: 2. 浏览火车班次信息");
    output();
    puts("");
}; break;
case 3:
{
    system("cls");
    puts("已选择: 3. 查询可预订的火车票信息");
    if (l->next != NULL)
    {
        printf("选择: 1. 按班次查询、2. 按终点站查询、0. 返回主菜单: ");
        char search_branch[2];
        scanf("%s", search_branch);
        if (search_branch[0] - '0' == 1) search_id();
        else if (search_branch[0] - '0' == 2) search_to();
        else
        {
            system("cls");
            puts("已返回主菜单\n");
        }
    }
    else puts("暂时没有可预订的列车信息!\n");
}; break;
case 4:
{
    system("cls");
    puts("已选择: 4. 更新火车信息");
    updateinfo();
}; break;
case 5:
{
    system("cls");
    puts("已选择: 5. 售票和退票");
    if(l->next != NULL)
    {
        printf("选择: 1. 售票、2. 退票、0. 返回主菜单: ");
        char order_branch[2];
        scanf("%s", order_branch);
        if (order_branch[0] == '1') order();
        else if (order_branch[0] == '2') return ticket();
        else
        {
            system("cls");
            puts("已返回主菜单\n");
        }
```

```
            }
            else puts("暂时没有可预订的列车信息!\n");
        }; break;
        default:
        {
            system("cls");
            puts("输入错误!请重新输入!\n");
        }; break;
    }
    return menu_flag;
}
```

2）主函数

主函数在初始化链表后，循环访问 menu()函数，供用户选择相应的功能选项，并最终完成链表的创建和信息的输入。

```
int main()
{
    l = (NODE *)malloc(sizeof(NODE));          //链表头结点
    l->next = NULL;                            //头结点的初始化
    while (menu());                            //主菜单的循环使用
    return 0;
}
```

3）核心界面

系统主菜单界面如图 3-3 所示。

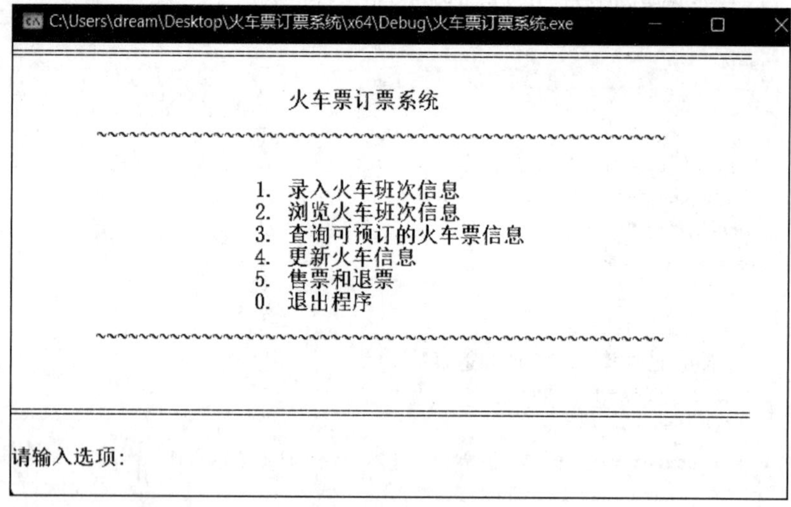

图 3-3　系统主菜单界面

3.4.3　录入火车班次信息模块

1. 功能设计

在录入火车班次信息模块中，系统根据需要创建链表结点，并录入火车的班次、发车日期、出发时间、到达时间、始发站、终点站、票价和剩余票数等信息。

注意

在提示用户输入时，要给出具体的输入格式，要求用户按照规范格式进行数据输入，并对用户输入的数据进行判断，若用户进行了非法输入，则需要提示用户重新输入，以保证所有数据的合法性。

2. 实现代码

(1) 信息录入函数。

```
bool input()
{
    bool input_flag = false;                    //true 表示循环一次输入

    NODE * p; NODE * q; q = l;
    while (q - >next ! = NULL) q = q - >next;
    p = (NODE * )malloc(sizeof(NODE));
    if (!p)
    {
        puts("录入出错!");
        exit(0);                                //终止进程,直接退出
    }

    printf("\n 输入列车班次:");
    scanf(" % s", p - >data.id);
    except_id(p);                               //判断火车班次是否重名
    printf("输入当前列车始发站、终点站名称: ");
    scanf(" % s  % s", p - >data.from, p - >data.to);
    printf("输入当前列车发车日期(按照 0000 格式输入): ");
    scanf(" % s", p - >data.date);
    judge_date(p);                              //判断日期是否合理
    printf("输入当前列车出发时间、到达时间(按照 00:00 格式输入): ");
    scanf(" % s  % s", p - >data.start_time, p - >data.arrive_time);
    judge_time(p);                              //判断时间是否合理
    printf("输入当前列车票价: ");
    scanf(" % lf", &p - >data.fare);
    judge_money(p);                             //判断票价是否合理
    printf("输入当前列车剩余票数: ");
    scanf(" % d", &p - >data.ticket_num);
    judge_ticket(p);                            //判断剩余票数是否合理
    //初始化
    p - >data.seat_a = p - >data.seat_b = p - >data.seat_c = p - >data.seat_e = p - >data.
    seat_f = 0;

    p - >next = NULL;
```

```
        q->next = p;                            //把p接到q(1)的后边(末尾)
        seat_selection(p);
        printf("\n录入成功! 是否继续录入?(Y/N):");
        char input_branch[2];
        scanf("%s", input_branch);
        if (input_branch[0] == 'Y' || input_branch[0] == 'y') input_flag = true;
        else
        {
            system("cls");
            puts("已返回菜单\n");
        }

        return input_flag;
    }
```

(2) 判断火车班次重名函数。判断用户输入的火车班次是否已经存在,防止出现重复或者错误的信息录入。

```
    void except_id(NODE * p)                    //检查是否有重名
    {
        NODE * q = l;
        while (q != NULL)
        {
            if (!strcmp(q->data.id, p->data.id))
            {
                printf("当前列车班次已存在!请重新输入:");
                scanf("%s", p->data.id);
                except_id(p);
            }
            else q = q->next;
        }
    }
```

(3) 判断火车日期函数。用户在输入火车日期时有严格的格式要求,这就需要对用户输入的日期数据进行判断,如果用户输入的数据不合理,则要求用户重新输入合理的数据。

```
    void judge_date(NODE * p)                   //检查日期格式是否正确
    {
        bool date_flag = false;                 //false表示格式错误

        time_t tnow = time(0);
        struct tm * ttm = localtime(&tnow);

        …                                       //对用户输入日期的数据合理性进行判断,
                                                //这里略写
        if (date_flag)
        {
            printf("日期输入有误!请重新输入:");
```

```
        scanf("%s", p->data.date);
        judge_date(p);
    }
}
```

(4) 判断火车票价函数。用户在进行火车票价输入时,需要进行数据合理性判断(票价不能为负数),如果数据不合理,则重新输入。

```
void judge_money(NODE * p)                    //判断票价是否正确
{
    if (p->data.fare < 0)                     //票价不能为负,但可以为0
    {
        printf("票价输入有误!请重新输入: ");
        scanf("%lf", &p->data.fare);
        judge_money(p);
    }
}
```

(5) 判断火车余票函数。对用户输入的火车余票进行数据合理性判断(余票数不能为负数),如果数据不合理,则重新输入。

```
void judge_ticket(NODE * p)                   //判断剩余票数格式是否正确
{
    if (p->data.ticket_num < 0)               //票数不能为负,但可以为0
    {
        printf("票数输入有误!请重新输入: ");
        scanf("%d", &p->data.ticket_num);
        judge_ticket(p);
    }
}
```

(6) 判断火车时间函数。用户输入的火车时间有严格的格式要求,小时数在0~24,分钟数在0~59,若超出此范围,则数据不合理。火车时间函数需要对用户输入的时间数据进行判断,如果用户输入的数据不合理,则要求用户重新输入。

```
void judge_time(NODE * p)                     //判断输入时间的格式是否正确
{
    bool time_flag = false;                   //false表示格式错误

    if ((p->data.start_time[0] - '0') * 10 + p->data.start_time[1] - '0' > 23 ||
        (p->data.arrive_time[0] - '0') * 10 + p->data.arrive_time[1] - '0' > 23)
        time_flag = true;
    else
    {
        if ((p->data.start_time[3] - '0') * 10 + p->data.start_time[4] - '0' > 59 ||
            (p->data.arrive_time[3] - '0') * 10 + p->data.arrive_time[4] - '0' > 59)
            time_flag = true;
    }
```

```
    if (time_flag)
    {
        printf("时间输入错误!请重新输入: ");
        scanf("%s %s", p->data.start_time, p->data.arrive_time);
        judge_time(p);
    }
}
```

3. 核心界面

火车班次信息录入界面如图 3-4 所示。

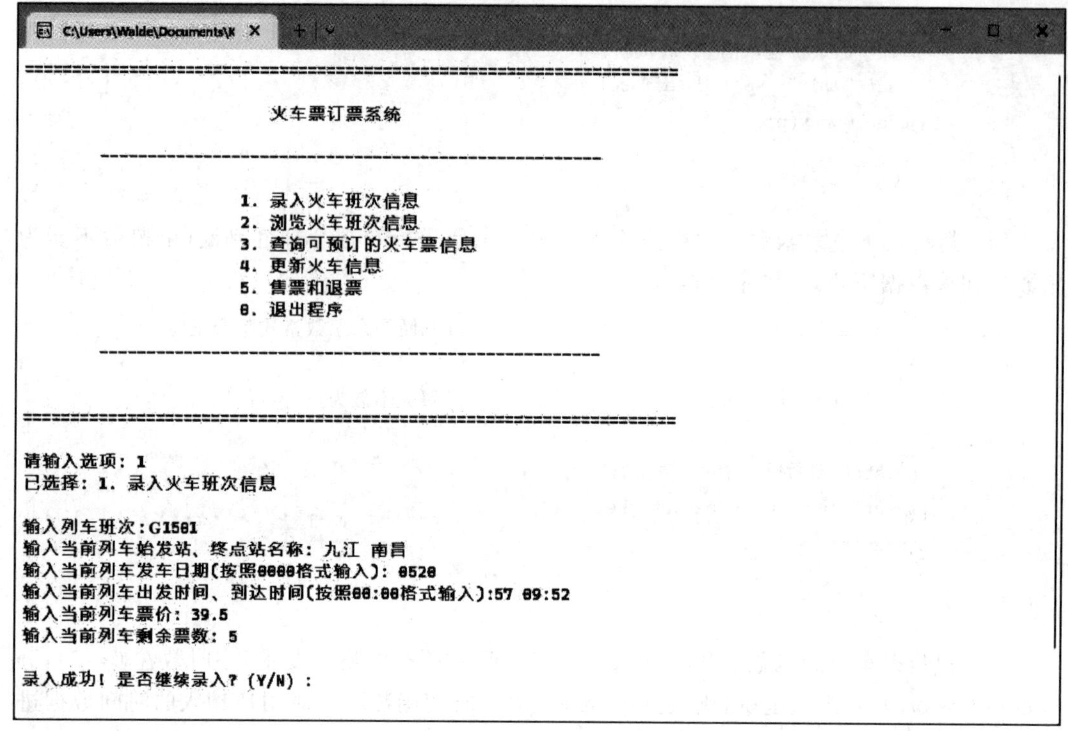

图 3-4 火车班次信息录入界面

3.4.4 浏览火车班次信息模块

1. 功能设计

浏览火车班次信息模块主要实现用户浏览所有火车班次信息。

2. 实现代码

(1) 浏览火车班次函数 output(),其功能主要实现在判断火车班次信息非空的前提下,格式化输出所有火车班次信息。

```
void output()                                    //输出火车班次
{
    NODE * p = l->next;

    if (p == NULL) puts("未查询到任何列车信息!");
```

```
else
{

    printf("\n-------------------------------------------------------------------------------------\n");
    printf("%-6s%-8s%-8s%-10s%-10s%-10s%-8s%-8s%-8s\n",
        "班次",
        "始发站", "终点站",
        "发车日期",
        "出发时间", "到达时间",
        "票价",
        "余票",
        "状态");                          //%-6s:左对齐,占6个字符长度,以此类推
    while (p != NULL)
    {
        printf("%-6s%-8s%-8s%-10s%-10s%-10s%-8.2lf%-8d",
            p->data.id,
            p->data.from, p->data.to,
            p->data.date,
            p->data.start_time, p->data.arrive_time,
            p->data.fare,
            p->data.ticket_num);

        time_t tnow = time(0);
        struct tm* ttm = localtime(&tnow);

        bool output_flag = false;           //判断是否发车
        //比较时间
        if (ttm->tm_mon + 1 == (p->data.date[0] - '0') * 10 + p->data.date[1] - '0')
        {
            if (ttm->tm_mday == (p->data.date[2] - '0') * 10 + p->data.date[3] - '0')
            {
                if (ttm->tm_hour == (p->data.start_time[0] - '0') * 10 + p->data.
                start_time[1] - '0')
                {
                    if (ttm->tm_min >= (p->data.start_time[3] - '0') * 10 + p->data.
                    start_time[4] - '0')
                        output_flag = true;
                }
                else if (ttm->tm_hour> (p->data.start_time[0] - '0') * 10 + p->data.
                start_time[1] - '0')
                    output_flag = true;
            }
            else if (ttm->tm_mday > (p->data.date[2] - '0') * 10 + p->data.date[3] - '0')
                output_flag = true;
        }
        else if (ttm->tm_mon + 1 > (p->data.date[0] - '0') * 10 + p->data.date[1] - '0')
            output_flag = true;

        if (!output_flag) printf("未发车\n");
```

```
            else printf("已发车\n");

            p = p->next;
        }

        printf("--------------------------------------------------------------------------------------\n");

        printf("\n\n附加选项: 1. 按班次排序、2. 按发车时间排序、0. 返回主菜单 : ");
        char output_branch[2];
        scanf("%s", output_branch);
        switch (output_branch[0] - '0')          //为可拓展用的 switch 语句
        {
            case 1:
            {
                system("cls");
                printf("已选择: 按班次排序\n");
                 //merge_sort()函数的返回值是一个排好序的链表的头结点,所以是接在
                   l->next 上的
                l->next = merge_sort(l->next, 0);
                output();
                break;
            }
            case 2:
            {
                system("cls");
                printf("已选择: 按发车时间排序\n");
                l->next = merge_sort(l->next, 1);
                output();
                break;
            }
            default:
            {
                system("cls");
                printf("已返回主菜单\n");
                break;
            }
        }
    }
}
```

(2) 浏览火车班次信息时,用户还可以根据关键字进行排序,关键字可以选择按"班次"排序或按"发车时间"排序。在用户选择排序后,调用 merge_sort()函数,根据归并算法规则通过递归调用的方式拆分链表,并遵照字典序规则,调用 IdSort()函数,实现将火车班次信息按"班次"的字符串升序排序,调用 TimeSort()函数,实现将火车班次信息按照火车"发车日期"(第一关键字)和"发车时间"(第二关键字)的字符串升序排序,最终实现对完整链表的排序过程。其程序执行流程如图 3-5 所示。

```
NODE * IdSort(NODE * &l, NODE * &r)                    //按火车班次顺序(字典序)排序
{
```

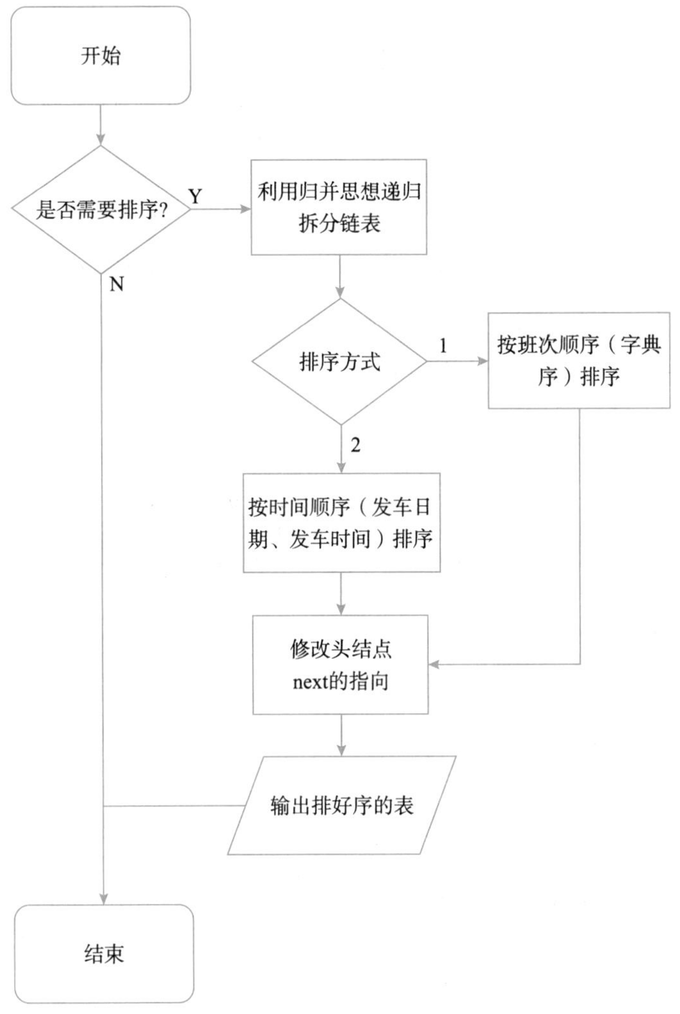

图 3-5　排序执行流程

```
//新建一个结点用于接排好序的链表
NODE * temphead = (NODE * )malloc(sizeof(NODE));
NODE * cur = temphead;
while (l != NULL && r != NULL)
{
    if (strcmp(l->data.id, r->data.id) <= 0)   //按升序排序
    {
        cur->next = l;
        cur = cur->next;
        l = l->next;
    }
    else
    {
        cur->next = r;
        cur = cur->next;
        r = r->next;
```

```
        }
    }

    if (l != NULL) cur->next = l;                    //剩余的直接接到 cur 后面
    if (r != NULL) cur->next = r;

    return temphead->next;
}
NODE * TimeSort(NODE * &l, NODE * &r)                //按时间顺序(发车日期、发车时间)排序
{
    //新建一个结点用于接排好序的链表
    NODE * temphead = (NODE * )malloc(sizeof(NODE));
    NODE * cur = temphead;
    while (l != NULL && r != NULL)
    {
        if (strcmp(l->data.date, r->data.date) < 0 || (strcmp(l->data.date, r->data.
        date) == 0 && strcmp(l->data.arrive_time, r->data.arrive_time) <= 0))
                                                     //按升序排序
        {
            cur->next = l;
            cur = cur->next;
            l = l->next;
        }
        else
        {
            cur->next = r;
            cur = cur->next;
            r = r->next;
        }
    }

    if (l != NULL) cur->next = l;                    //剩余的直接接到 cur 后面
        if (r != NULL) cur->next = r;
    return temphead->next;
}

NODE * merge_sort(NODE * &head, int st)              //链表的归并排序
{
    if (head->next == NULL) return head;
    NODE * slow = head;                              //slow、fast:快慢指针;prev 指向 slow 的
                                                     //前一个位置
    NODE * fast = head;
    NODE * prev = nullptr;                           //prev 指向 slow 的前一个结点
    while (fast && fast->next)                       //fast 指出去的时候 slow 指向中间
    {
        prev = slow;
        slow = slow->next;
        fast = fast->next->next;
    }
```

```
    prev->next = nullptr;                           //作用是拆成左右两部分;nullptr:空指针
    NODE * left = merge_sort(head, st);             //递归分解
    NODE * right = merge_sort(slow, st);

    //根据传入的 st 的值决定采用哪种排序方式
    return (st ? timesort(left, right) : IdSort(left, right));
}
```

3. 核心界面

浏览火车班次信息界面如图 3-6 所示。

C:\Users\cream\Desktop\火车票订票系统\x64\Debug\火车票订票系统.exe

已选择：2. 浏览火车班次信息

班次	始发站	终点站	发车日期	出发时间	到达时间	票价	余票	状态
G1581	九江	南昌	0520	08:57	09:52	39.50	5	已发车
G1456	九江	上饶	0531	07:40	10:02	113.50	2	已发车
D6525	九江	抚州	0729	08:00	09:49	73.00	7	已发车
D736	南昌	九江	0521	19:20	20:24	24.00	1	已发车
T221	九江	南昌	0726	00:03	01:22	21.50	4	已发车
K1671	上饶	九江	0821	02:18	06:45	54.50	7	未发车
D2242	抚州	庐山	0728	09:49	11:15	69.00	0	已发车

附加选项：1. 按班次排序、2. 按发车时间排序、0. 返回主菜单 ：

C:\Users\cream\Desktop\火车票订票系统\x64\Debug\火车票订票系统.exe

已选择：按班次排序

班次	始发站	终点站	发车日期	出发时间	到达时间	票价	余票	状态
D2242	抚州	庐山	0728	09:49	11:15	69.00	0	已发车
D6525	九江	抚州	0729	08:00	09:49	73.00	7	已发车
D736	南昌	九江	0521	19:20	20:24	24.00	1	已发车
G1456	九江	上饶	0531	07:40	10:02	113.50	2	已发车
G1581	九江	南昌	0520	08:57	09:52	39.50	5	已发车
K1671	上饶	九江	0821	02:18	06:45	54.50	7	未发车
T221	九江	南昌	0726	00:03	01:22	21.50	4	已发车

附加选项：1. 按班次排序、2. 按发车时间排序、0. 返回主菜单 ：

图 3-6　浏览火车班次信息界面

3.4.5　查询可预订的火车票信息

1. 功能设计

用户可以根据需要分别按照“班次”或者“终点站”查询火车的相关信息。

2. 实现代码

(1) 按火车班次查询函数 search_id()，这个函数主要实现按照用户输入的火车班次信

息，查询与其一致的火车的具体信息，并严格按照格式输出显示。

```
void search_id()                                        //按列车班次查询
{
    NODE * p = l->next;

    char str[STR_LEN];                                  //存输入的列车信息班次
    printf("输入需要查询的列车信息班次：");
    scanf("%s", str);

    bool search_id_branch = false;                      //true 表示查找成功

    while (p != NULL)
    {
        if (!strcmp(p->data.id, str))
        {
            bool search_id_flag = false;                //判定标志，false 为超时/无余票

            time_t tnow = time(0);
            struct tm * ttm = localtime(&tnow);
            //比较当前时间的月份与当前遍历到的车次时间的月份是否相等
            if (ttm->tm_mon + 1 == (p->data.date[0] - '0') * 10 + p->data.date[1] - '0')
            {
                //比较当前时间的日期与当前遍历到的车次时间的日期是否相等
                if (ttm->tm_mday == (p->data.date[2] - '0') * 10 + p->data.date[3] -
                        '0')
                {
                    //比较当前时间的小时数与当前遍历到的车次时间的小时数是否相等
                    if (ttm->tm_hour == (p->data.start_time[0] - '0') * 10 + p->data.
                                start_time[1] - '0')
                    {
                        //比较当前时间的分钟数与当前遍历到的车次时间的分钟数是否相等
                        if (ttm->tm_min >= (p->data.start_time[3] - '0') * 10 + p->
                                    data.start_time[4] - '0')
                        search_id_flag = true;
                    }
                    else if (ttm->tm_hour > (p->data.start_time[0] - '0') * 10 + p->
                                    data.start_time[1] - '0')
                        search_id_flag = true;
                }
                else if (ttm->tm_mday > (p->data.date[2] - '0') * 10 + p->data.date[3] - '0')
                    search_id_flag = true;
            }
            else if (ttm->tm_mon + 1 > (p->data.date[0] - '0') * 10 + p->data.date[1] - '0')
                search_id_flag = true;
            if(p->data.ticket_num <= 0)
                search_id_flag = true;                  //余票检测
            if(!search_id_flag)
            {
```

```
            search_id_branch = true;

            system("cls");

            printf("\n-----------------------------------------------------------------------\n");
            printf("%-6s%-8s%-8s%-10s%-10s%-10s%-8s%-8s\n",
                "班次",
                "始发站", "终点站",
                "发车日期",
                "出发时间", "到达时间",
                "票价",
                "余票");
            printf("%-6s%-8s%-8s%-10s%-10s%-10s%-8.2lf%-8d\n",
                p->data.id,
                p->data.from, p->data.to,
                p->data.date,
                p->data.start_time, p->data.arrive_time,
                p->data.fare,
                p->data.ticket_num);

            printf("-----------------------------------------------------------------------\n\n\n");
        }
    }
    p = p->next;
}
if (!p && !search_id_branch)
{
    system("cls");
    puts("未找到未发车且有余票的该列车班次信息!\n");
}
}
```

(2) 按火车终点站查询函数 search_to()，这个函数主要实现按照用户输入的火车终点站信息，查询与其一致的火车的具体信息，并严格按照格式输出显示。

```
void search_to()                                //按终点站查询
{
    NODE* p = l->next;                          //p指针指向链表的第一个结点

    char str[STR_LEN];                          //存输入的终点站
    printf("输入需要查询的列车信息(按终点站查询): ");
    scanf("%s", str);

    bool search_to_branch = false;              //false表示查找不成功
    int temp_cnt = 0;                           //按终点站查询可能会有多个结果,所以
                                                //需要计数
    while (p != NULL)
    {
        if (!strcmp(p->data.to, str))
        {
            bool search_to_flag = false;        //判定标志, false为超时/无余票
```

```
time_t tnow = time(0);
struct tm * ttm = localtime(&tnow);

if (ttm->tm_mon + 1 == (p->data.date[0] - '0') * 10 + p->data.date[1] - '0')
{
    if (ttm->tm_mday == (p->data.date[2] - '0') * 10 + p->data.date[3] - '0')
    {
        if (ttm->tm_hour == (p->data.start_time[0] - '0') * 10 + p->data.
                              start_time[1] - '0') {
            if (ttm->tm_min >= (p->data.start_time[3] - '0') * 10 + p->
                                  data.start_time[4] - '0')
            search_to_flag = true;
        }
        else if (ttm->tm_hour > (p->data.start_time[0] - '0') * 10 + p->
                                  data.start_time[1] - '0')
        search_to_flag = true;
    }
    else if (ttm->tm_mday > (p->data.date[2] - '0') * 10 + p->data.date[3]
                            - '0')
        search_to_flag = true;
}
else if (ttm->tm_mon + 1 > (p->data.date[0] - '0') * 10 + p->data.date[1] - '0')
    search_to_flag = true;

if (p->data.ticket_num <= 0)
    search_to_flag = true;              //余票检测

if (!search_to_flag && !temp_cnt)       //第一个值需要附加输出类别行
{
    search_to_branch = true;

    system("cls");
    printf("\n-----------------------------------------------------------------------\n");
    printf("%-6s%-8s%-8s%-10s%-10s%-10s%-8s%-8s\n",
        "班次",
        "始发站","终点站",
        "发车日期",
        "出发时间","到达时间",
        "票价",
        "余票");
    printf("%-6s%-8s%-8s%-10s%-10s%-10s%-8.2lf%-8d\n",
        p->data.id,
        p->data.from, p->data.to,
        p->data.date,
        p->data.start_time, p->data.arrive_time,
        p->data.fare,
        p->data.ticket_num);
    temp_cnt++;
```

```
            }
            else if(!search_to_flag && temp_cnt)        //其他值则不需要
            {
                printf("%-6s%-8s%-8s%-10s%-10s%-10s%-8.2lf%-8d\n",
                    p->data.id,
                    p->data.from, p->data.to,
                    p->data.date,
                    p->data.start_time, p->data.arrive_time,
                    p->data.fare,
                    p->data.ticket_num);
                temp_cnt++;
            }
        }
        p = p->next;
    }
    if(temp_cnt)
        printf("-------------------------------------------\n\n\n");//结尾
    if (!p && !search_to_branch)
    {
        system("cls");
        puts("未找到未发车且有余票的该列车班次信息!\n");
    }
}
```

3. 核心界面

查询可预订的火车票信息界面如图 3-7 所示。

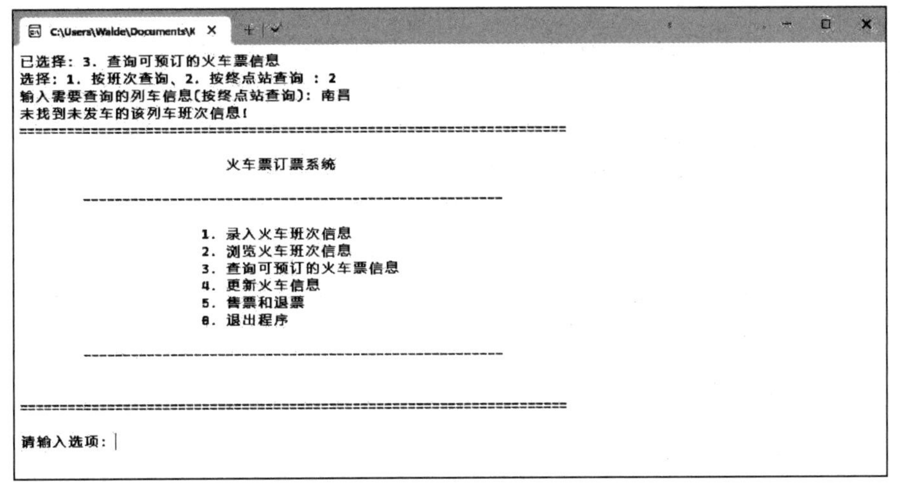

图 3-7　查询可预订的火车票信息界面

3.4.6　更新火车信息模块

1. 功能设计

更新火车信息模块主要实现用户修改指定班次火车的相关信息。

2. 实现代码

更新火车信息函数 updateinfo()，在确定火车信息非空的前提下，寻找指定班次的火车，若找到，再具体选择修改火车的相关信息，如“1. 班次、2. 始发站、3. 终点站、4. 发车日期、5. 出发时间、6. 到达时间、7. 票价、8. 余票”；若未找到，则提示用户“未找到该列车班次信息!”。

```
void updateinfo()                                   //更新列车信息
{
    NODE * p = l->next;

    if (p == NULL) puts("暂时没有可以修改的列车信息!\n");
    else
    {
        char str[STR_LEN];                          //存输入的列车班次
        printf("输入需要修改的列车信息班次: ");
        scanf("%s", str);

        //寻找是否有与 str 相同的列车班次信息,若没有就向下一结点寻找
        while (p->data.id != NULL && strcmp(p->data.id, str))
        {
            if (p == NULL)
            {
                system("cls");
                puts("未找到该列车班次信息!\n");
                break;
            }
            p = p->next;
        }
        //整个链表都找不到(每次指向 p->next,所以最后一个指向的是空)
        if (p == NULL)
        {
            system("cls");
            puts("未找到该列车班次信息!\n");
        }
        else
        {
            printf("选择修改: 1. 班次、2. 始发站、3. 终点站、4. 发车日期、5. 出发时间、6. 到达
            时间、7. 票价、8. 余票、0. 返回菜单 : ");
            char update_branch[2];
            scanf("%s", update_branch);

            switch (update_branch[0] - '0')
            {
                case 1: {
                    printf("输入变更后的班次: ");
                    scanf("%s", p->data.id);
                    except_id(p);                   //检查是否有重名
                    system("cls");
                    puts("修改成功!\n");
                }; break;
                case 2: {
```

```
    printf("输入变更后的始发站: ");
    scanf("%s", p->data.from);
    system("cls");
    puts("修改成功!\n");
}; break;
case 3: {
    printf("输入变更后的终点站: ");
    scanf("%s", p->data.to);
    system("cls");
    puts("修改成功!\n");
}; break;
case 4: {
    //检查日期格式是否正确
    printf("输入变更后的发车日期(按照0000格式输入): ");
    scanf("%s", p->data.date);
    Judge_date(p);
    system("cls");
    puts("修改成功!\n");
}; break;
case 5: {
    printf("输入变更后的出发时间(按照00:00格式输入): ");
    scanf("%s", p->data.start_time);
    Judge_time(p);
    system("cls");
    puts("修改成功!\n");
}; break;
case 6: {
    printf("输入变更后的到达时间(按照00:00格式输入): ");
    scanf("%s", p->data.arrive_time);
    Judge_time(p);
    system("cls");
    puts("修改成功!\n");
}; break;
case 7: {
    printf("输入变更后的票价: ");  //检查票价格式是否正确
    scanf("%lf", &p->data.fare);
    Judge_money(p);
    system("cls");
    puts("修改成功!\n");
}; break;
case 8: {
    printf("输入变更后的余票: ");  //检查余票是否正确
    scanf("%d", &p->data.ticket_num);
    Judge_ticket(p);
    seat_selection(p);             //重新计算剩余座位号
    system("cls");
    puts("修改成功!\n");
}; break;
default: {
    system("cls");
    puts("已返回主菜单\n");
}; break;
```

```
            }
        }
    }
}
```

3. 核心界面

更新火车信息界面如图 3-8 所示。

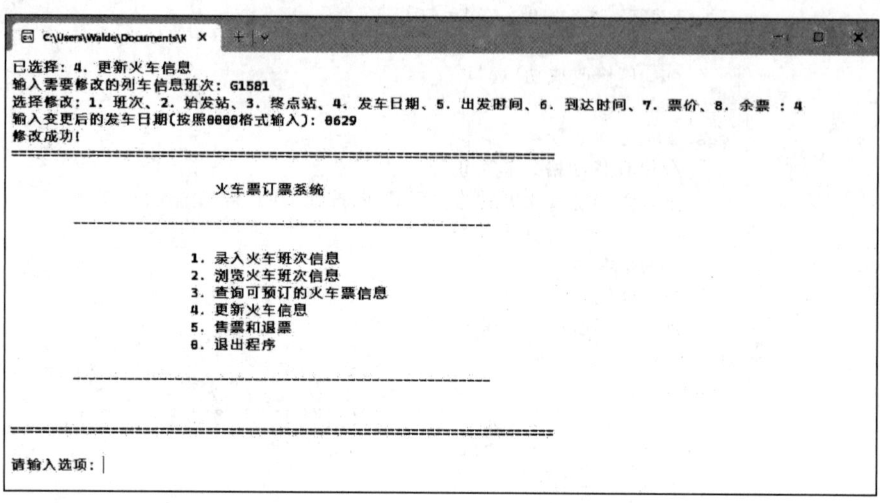

图 3-8　更新火车信息界面

3.4.7　售票模块

1. 功能设计

售票模块主要实现用户在线购买火车票的功能。

2. 实现代码

售票函数 order()，主要保证火车班次存在且有余票，在没有发车的前提下，供用户购买火车票，用户购票成功后，火车票数信息随之更新。

```
void order()                                          //售票
{
    NODE * p = l->next;
    system("cls");
    char str[STR_LEN];                                //存输入的列车班次
    printf("输入需要预定的列车班次：");
    scanf("%s", str);
    //寻找是否有与 str 相同的列车班次信息,若没有就向下一结点寻找
    while (p != NULL && strcmp(p->data.id, str)) p = p->next;
    if (p == NULL)
        //整个链表都找不到(每次指向 p->next,所以最后一个指向的是空)
        puts("暂无相关车票可预订!\n");
    else
    {
        if (p->data.ticket_num <= 0)
            puts("该列车车票已售罄!\n");
        else
```

```
{
    time_t tnow = time(0);
    struct tm * ttm = localtime(&tnow);

    bool order_flag = false;                    //时间判定标志,true 为超时

    if (ttm->tm_mon + 1 == (p->data.date[0] - '0') * 10 + p->data.date[1] - '0')
    {
        if (ttm->tm_mday == (p->data.date[2] - '0') * 10 + p->data.date[3] - '0')
        {
            if (ttm->tm_hour == (p->data.start_time[0] - '0') * 10 + p->data.
                                start_time[1] - '0')
            {
                if (ttm->tm_min >= (p->data.start_time[3] - '0') * 10 + p->data.
                                    start_time[4] - '0')
                    order_flag = true;
            }
            else if (ttm->tm_hour > (p->data.start_time[0] - '0') * 10 + p->data.
                                    start_time[1] - '0')
                order_flag = true;
        }
        else if (ttm->tm_mday > (p->data.date[2] - '0') * 10 + p->data.date[3] -
                                '0')
            order_flag = true;
    }
    else if (ttm->tm_mon + 1 > (p->data.date[0] - '0') * 10 + p->data.date[1] -
                               '0')
        order_flag = true;

    //有余票且发车时间未到的情况
    if (!order_flag && p->data.ticket_num > 0)
    {
        char select_branch[2];
        char final_seat;                        //记录最终选择的座位号
        //存哪些座位号有空余,同时将 ABCEF 映射成 12345
        int available[5], available_cnt = 0;

        if (p->data.seat_a) available[available_cnt++] = 1;
        if (p->data.seat_b) available[available_cnt++] = 2;
        if (p->data.seat_c) available[available_cnt++] = 3;
        if (p->data.seat_e) available[available_cnt++] = 4;
        if (p->data.seat_f) available[available_cnt++] = 5;

        printf("是否需要自选座位? (Y/N): ");
        scanf("%s", select_branch);
        if (select_branch[0] == 'Y' || select_branch[0] == 'y')
                                                //自选座位
        {
            char select_seat[2];
            printf("选择: ");                   //结构体中座位号有空余的才会输出
            if (p->data.seat_a) printf("A ");
            if (p->data.seat_b) printf("B ");
```

```
if (p->data.seat_c) printf("C ");
if (p->data.seat_e) printf("E ");
if (p->data.seat_f) printf("F ");
printf("(不区分大小写，若输入错误将自动随机分配座位)：");
scanf("%s", select_seat);

int compare;                          //映射关系
if (select_seat[0] >= 'a')
{
    if (select_seat[0] >= 'e')
        compare = select_seat[0] - 'a';
    else
        compare = select_seat[0] - 'a' + 1;
}
else
{
    if (select_seat[0] >= 'E')
        compare = select_seat[0] - 'A';
    else
        compare = select_seat[0] - 'A' + 1;
}

//false 表示随机座位号
bool random_flag = false;
//查找当前输入是否能与空余座位号对应
for (int i = 0; i < available_cnt; i++)
{
    if (available[i] == compare)
    {
        random_flag = true;
        final_seat = select_seat[0];

        switch (available[i])
        {
            case 1:p->data.seat_a--; break;
            case 2:p->data.seat_b--; break;
            case 3:p->data.seat_c--; break;
            case 4:p->data.seat_e--; break;
            case 5:p->data.seat_f--; break;
        }
        break;
    }
}

if (random_flag)
{
    system("cls");
    printf("订票成功！座位号为：%c\n\n", final_seat >= 'a' ? (char)
    (final_seat - 'a' + 'A') : final_seat);
    //三目运算符 ()?():() 表示第一个括号内条件的值成立则返回第二个
    //括号内的值,反之返回第三个括号内的值
}
```

```
                else
                {
                    //只剩下一种座位号可选的特殊情况
                    if (available_cnt == 1)
                    {
                        switch (available[0])
                        {
                            case 1:p->data.seat_a--; final_seat = 'A'; break;
                            case 2:p->data.seat_b--; final_seat = 'B'; break;
                            case 3:p->data.seat_c--; final_seat = 'C'; break;
                            case 4:p->data.seat_e--; final_seat = 'E'; break;
                            case 5:p->data.seat_f--; final_seat = 'F'; break;
                        }
                    }
                    else
                    {
                        //在有空余的座位号中随机选择一个座位
                        switch (available[rand() % (available_cnt - 1)])
                        {
                            case 1:p->data.seat_a--; final_seat = 'A'; break;
                            case 2:p->data.seat_b--; final_seat = 'B'; break;
                            case 3:p->data.seat_c--; final_seat = 'C'; break;
                            case 4:p->data.seat_e--; final_seat = 'E'; break;
                            case 5:p->data.seat_f--; final_seat = 'F'; break;
                        }
                    }
                    system("cls");
                    printf("订票成功! 座位号为: %c\n\n", final_seat);
                }
            }
            else
            {
                //在有空余的座位号中随机选择一个座位
                switch (available[rand() % (available_cnt - 1)])
                {
                    case 1:p->data.seat_a--; final_seat = 'A'; break;
                    case 2:p->data.seat_b--; final_seat = 'B'; break;
                    case 3:p->data.seat_c--; final_seat = 'C'; break;
                    case 4:p->data.seat_e--; final_seat = 'E'; break;
                    case 5:p->data.seat_f--; final_seat = 'F'; break;
                }
                system("cls");
                printf("订票成功! 座位号为: %c\n\n", final_seat);
            }

            p->data.ticket_num--;                //余票 - 1
        }
        else puts("该车已发车,无法预定!\n");
    }
  }
}
void seat_selection(NODE * p)                              //根据余票对座位进行分配
```

```
{
    int temp = p->data.ticket_num;                    //根据剩余票数从 F 开始倒着分配

    while (temp)
    {
        if (temp) p->data.seat_f++, temp--;
        if (temp) p->data.seat_e++, temp--;
        if (temp) p->data.seat_c++, temp--;
        if (temp) p->data.seat_b++, temp--;
        if (temp) p->data.seat_a++, temp--;
    }
}
```

3. 核心界面

售票界面如图 3-9 所示。

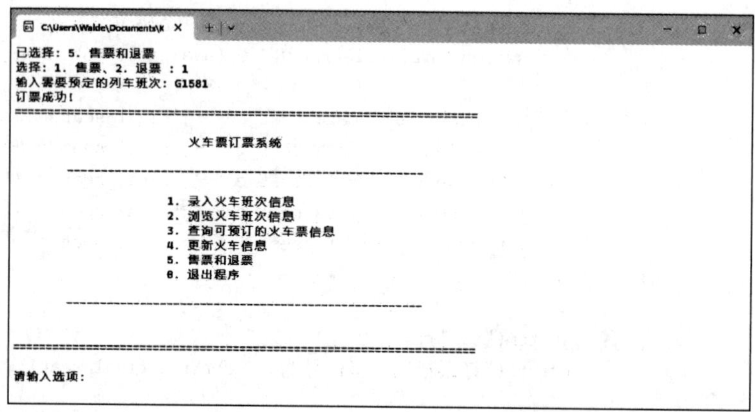

图 3-9 售票界面

3.4.8 退票模块

1. 功能设计

退票模块为用户提供免费退票业务。

2. 实现代码

退票函数 returnticket()，主要在确保用户要退火车票的火车尚未发车的前提下实现用户免费退票。

```
void returnticket()                                    //退票
{
    NODE * p = l->next;

    system("cls");

    char str[STR_LEN];                                 //输入的列车班次
    printf("输入需要退票的列车班次：");
    scanf("%s", str);

    //寻找是否有与 str 相同的列车班次信息，若没有就向下一结点寻找
```

```
while (p != NULL && strcmp(p->data.id, str)) p = p->next;
//整个链表都找不到(每次指向 p->next,所以最后一个指向的是空)
if (p == NULL) puts("查询不到该车票信息!\n");
else
{
    time_t tnow = time(0);
    struct tm* ttm = localtime(&tnow);

    bool returnticket_flag = false;              //时间判定标志,true 为超时
    if (ttm->tm_mon + 1 == (p->data.date[0] - '0') * 10 + p->data.date[1] - '0')
    {
        if (ttm->tm_mday == (p->data.date[2] - '0') * 10 + p->data.date[3] - '0')
        {
            if (ttm->tm_hour == (p->data.start_time[0] - '0') * 10 + p->data.
                                start_time[1] - '0')
            {
                if (ttm->tm_min >= (p->data.start_time[3] - '0') * 10 + p->data.
                                  start_time[4] - '0')
                    returnticket_flag = true;
            }
            else if (ttm->tm_hour > (p->data.start_time[0] - '0') * 10 + p->data.
                                    start_time[1] - '0')
                returnticket_flag = true;
        }
        else if (ttm->tm_mday > (p->data.date[2] - '0') * 10 + p->data.date[3] - '0')
            returnticket_flag = true;
    }
    else if (ttm->tm_mon + 1 > (p->data.date[0] - '0') * 10 + p->data.date[1] - '0')
        returnticket_flag = true;

    if (!returnticket_flag)
    {
        char Secondary_confirmation[2];          //二次确认
        printf("确认是否退票?(Y/N): ");
        scanf("%s", Secondary_confirmation);
        if (Secondary_confirmation[0] == 'Y' || Secondary_confirmation[0] == 'y')
        {
            p->data.ticket_num++;
            int temp_num = rand() % 5 + 1;       //随机退到一个座位号上
            switch (temp_num)
            {
                case 1: p->data.seat_a++; break;
                case 2: p->data.seat_b++; break;
                case 3: p->data.seat_c++; break;
                case 4: p->data.seat_e++; break;
                case 5: p->data.seat_f++; break;
            }
            system("cls");
            puts("退票成功!\n");
        }
        else
        {
```

```
                system("cls");
                puts("已取消退票\n");
            }
        }
        else
        {
            system("cls");
            puts("该车已发车,无法退票!\n");
        }
    }
}
```

3. 核心界面

退票界面如图 3-10 所示。

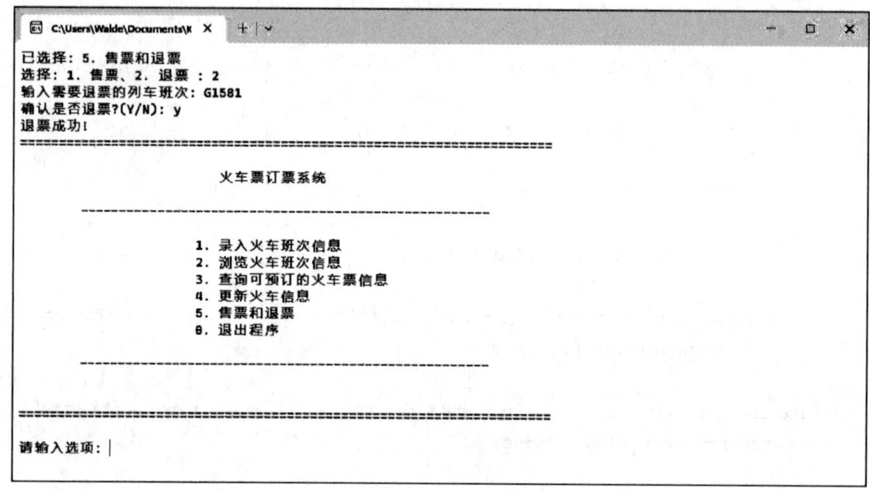

图 3-10　退票界面

3.5　系统测试

对各个主要功能模块进行详细的功能测试,部分测试用例见表 3-1～表 3-5,主要关注错误输入值的测试情况。

表 3-1　录入火车班次信息模块测试用例

用例编号	3-1	被测功能点	录入火车班次信息
测试步骤	选择功能“1. 录入火车班次信息”		
序号	输入数据/动作	预 期 结 果	测试结果
1	录入火车班次信息	显示“录入成功! 是否继续录入?(Y/N):”	通过
2	输入的火车班次已经存在	提示用户“当前列车班次已存在! 请重新输入:”	通过

续表

序号	输入数据/动作	预 期 结 果	测试结果
3	输入非法日期	显示“日期输入有误！请重新输入：”	通过
4	输入非法火车票价	显示“票价输入有误！请重新输入：”	通过
5	输入非法火车余票数	显示“票数输入有误！请重新输入：”	通过
6	输入非法火车时间	显示“时间输入错误！请重新输入：”	通过

表 3-2 浏览火车班次信息模块测试用例

用例编号	3-2	被测功能点	浏览火车班次信息
测试步骤	选择功能：“2. 浏览火车班次信息”		
序号	输入数据/动作	预 期 结 果	测试结果
1	用户尚未录入火车信息	显示“未查询到任何列车信息！”	通过
2	火车信息已经被成功录入	显示所有火车的相关信息	通过
3	1. 火车信息已经被成功录入 2. 选择“1. 按班次排序”	按班次排序后显示所有火车信息	通过
4	1. 火车信息已经被成功录入 2. 选择“1. 按发车时间排序”	按发车时间排序后显示所有火车信息	通过
5	1. 火车信息已经被成功录入 2. 选择“0. 返回主菜单”	返回系统主菜单界面	通过

表 3-3 查询可预订的火车票信息模块测试用例

用例编号	3-3	被测功能点	查询可预订的火车票信息
测试步骤	选择功能：“3. 查询可预订的火车票信息”		
序号	输入数据/动作	预 期 结 果	测试结果
1	若无火车信息	显示“暂时没有可预订的列车信息！”	通过
2	1. 选择 “1. 按班次查询” 2. 火车信息非空 3. 输入不存在的火车班次	显示“未找到未发车且有余票的该列车班次信息！”	通过
3	1. 选择“ 1. 按班次查询” 2. 火车信息非空 3. 输入存在的火车班次	显示该列火车的所有相关信息	通过
4	1. 选择“2. 按终点站查询 ” 2. 火车信息非空 3. 输入不存在的火车终点站	显示“未找到未发车且有余票的该列车班次信息！”	通过
5	1. 选择“ 2. 按终点站查询 ” 2. 火车信息非空 3. 输入存在的火车终点站	显示该列火车的所有相关信息	通过
6	选择除“1”和“2”外其余非法选项	显示“输入错误！将返回主菜单！”	通过

表 3-4 更新火车信息模块测试用例

用例编号	3-4	被测功能点	更新火车信息
测试步骤	选择功能："4. 更新火车信息"		
序号	输入数据/动作	预 期 结 果	测试结果
1	火车信息为空	显示"暂时没有可以修改的列车信息!"	通过
2	输入不存在的火车班次	显示"未找到该列车班次信息!"	通过
3	1. 输入存在的火车班次 2. 选择修改"1. 班次、2. 始发站、3. 终点站、4. 发车日期、5. 出发时间、6. 到达时间、7. 票价、8. 余票"	显示"修改成功!"	通过
4	输入除"1～8"范围的其余整数	显示"输入错误！将返回主菜单!"	通过

表 3-5 售票和退票模块测试用例

用例编号	3-5	被测功能点	售票和退票功能
测试步骤	选择功能："5. 售票和退票"		
序号	输入数据/动作	预 期 结 果	测试结果
1	若无火车信息	显示"暂时没有可预订的列车信息!"	通过
2	1. 选择"1. 售票" 2. 火车列表已存在 3. 输入不存在的火车班次	显示"暂无相关车票可预订!"	通过
3	1. 选择" 1. 售票" 2. 火车列表已存在 3. 输入已存在的火车班次 4. 如果该列火车的余票数≤0	显示"该列车车票已售罄!"	通过
4	1. 选择"1. 售票" 2. 火车列表已存在 3. 输入已存在的火车班次 4. 如果该列火车已经发车	显示"该车已发车,无法预定!"	通过
5	1. 选择 "1. 售票" 2. 火车列表已存在 3. 输入已存在的火车班次 4. 列车有余票且未发车 5. 输入"Y"或"y"由用户自选座位 6. 输入"A"确定座位号	1. 显示"订票成功！座位号为 A" 2. 余票数自动更新	通过
6	1. 选择 "1. 售票" 2. 火车列表已存在 3. 输入已存在的火车班次 4. 列车有余票且未发车 5. 输入"N"或"n"由用户自选座位 6. 输入"B"确定座位号	1. 显示"订票成功！座位号为 B" 2. 余票数自动更新	通过

续表

序号	输入数据/动作	预 期 结 果	测试结果
7	1. 选择"2. 退票" 2. 火车列表已经存在 3. 用户输入不存在的火车班次	显示"查询不到该车票信息!"	通过
8	1. 选择"2. 退票" 2. 火车列表已经存在 3. 用户输入合法的火车班次 4. 若火车已经发车	显示"该车已发车,无法退票!"	通过
9	1. 选择"2. 退票" 2. 火车列表已经存在 3. 用户输入合法的火车班次且火车未发车 4. 用户输入"Y"或"y",二次确认退票操作	1. 显示"退票成功!" 2. 自动更新剩余票数	通过
10	1. 选择"2. 退票" 2. 火车列表已经存在 3. 用户输入合法的火车班次且火车未发车 4. 用户输入"N"或"n",二次确认退票操作	显示"已取消退票"	通过
11	选择除"1"和"2"外其余非法选项	显示"输入错误! 将返回主菜单!"	通过

能 力 测 试

1. 设计一个简易的图书信息管理系统。图书信息包括登录号、书名、作者名、分类(常见类别有书籍、期刊、报纸等)、出版单位、出版时间和价格等。基本功能包括图书信息添加、浏览和删除功能。

2. 设计一个万年历界面。模仿现实生活中的挂历,能够显示年历、月历、日历,并具备退出功能。

第4章 房产信息管理系统

随着国家“互联网+”政策的大力推行，各行各业都开始加速本行业进入“互联网+”的进程。为了响应国家政策，全面提高住建部门的行政工作效率，住建部门开启了公务活动的数字化变革，将传统的纸质资料存储和查询改为互联网上存储和查询，在为管理部门和购房者提供高质量服务的同时，实现所有数据信息的数字化存储，为后期的数据访问和整合提供了有力的支撑。本章内容就是联合江西才气软件技术公司实现了具有图形界面的房产管理系统，系统架构和功能的设计贴合实际生产需求。

【学习目标】

1. 掌握设计数据结构来存储数据。
2. 掌握设计多链表结点来封装实体信息。
3. 掌握设计多链表结构来管理实体的记录。
4. 强化学习多链表的创建、插入、查找、修改和删除等基本操作。

4.1 设计目的

改革开放以来，我国的房地产行业迎来井喷式的发展，国家的各类基建项目、居民的商品房开发等项目如雨后春笋般涌现。而在为人民创造美好生活的同时，住建部门所承担房产信息管理工作的压力也在迅速增大，海量的房产信息和人们的生活息息相关，更重要的是需要为行政管理部门提供有效具体的信息，方便完成相关行政管理工作。我国政府抓住计算机技术和AI技术快速迭代发展的时代机遇，制定相关政策并在全社会范围内广泛推广“互联网+”与各行业的快速融合，将传统的工作模式变为利用计算机为人类提供全面服务的线上工作模式。政府部门的行政工作效率快速提升，极大地满足了人们的生活需求。

基于此，在分析房产信息管理的基本需求的基础上，编者模拟设计完成了一个简化版的房产管理系统，服务于管理部门以及相关从业者。

4.2 需求分析

项目的具体任务是开发一个房产信息管理系统，该系统提供完整的房产信息管理功能。

1. 企业信息管理模块

1）输入企业信息

输入企业的基本信息，包括企业名称、企业地址、营业执照和企业法人。

2) 浏览企业信息

用户可浏览全部的企业信息,要求格式化显示企业信息。

3) 查询企业信息

用户可根据"企业名称"或"企业地址"查询企业的相关信息。

4) 更新企业信息

用户可以根据"企业名称"修改指定企业的相关信息。

5) 删除企业信息

用户可以根据"企业名称"删除指定企业的相关信息。

2. 项目信息管理模块

1) 输入项目信息

输入项目信息包括项目名称、项目地址和项目面积。

2) 浏览项目信息

用户可浏览全部的项目信息,要求格式化显示项目信息。

3) 查询项目信息

用户可以根据"项目名称"或"项目地址"查询项目的基本信息。

4) 更新项目信息

用户可以根据"项目名称"修改指定项目的相关信息。

5) 删除项目信息

用户可以根据"项目名称"删除指定项目的相关信息。

3. 楼栋信息管理模块

1) 输入楼栋信息

用户可输入楼栋的基本信息,包括楼栋名称、楼层数量、地下层数和楼栋法人。

2) 浏览楼栋信息

用户可浏览全部的楼栋信息,要求格式化显示楼栋信息。

3) 查询楼栋信息

用户可以根据"楼栋名称"查询楼栋的基本信息。

4) 更新楼栋信息

用户可以根据"楼栋名称"修改指定楼栋的相关信息。

5) 删除楼栋信息

用户可以根据"楼栋名称"删除指定楼栋的相关信息。

4. 房屋信息管理模块

1) 输入房屋信息

用户可以输入房屋的信息,包括房屋号码、房屋地址、房屋所在层楼和房屋面积。

2) 浏览房屋信息

用户可以浏览所有房屋相关信息。

3) 查询房屋信息

用户可以根据"房屋号码"查询指定房屋的基本信息。

4) 更新房屋信息

用户可以根据"房屋号码"修改指定房屋的基本信息。

5）删除房屋信息

用户可以根据“房屋号码”删除指定房屋的相关信息。

5. 预售证信息管理模块

1）输入预售证信息

用户可以输入预售证信息，包括预售名称、预售证号、预售面积和预售套数。

2）浏览预售证信息

用户可以浏览全部预售证的相关信息。

3）查询预售证信息

用户可以根据“预售名称”查询指定预售证的基本信息。

4）更新预售证信息

用户可以根据“预售名称”修改指定预售证的基本信息。

5）删除预售证信息

用户可以根据“预售名称”删除指定预售证的相关信息。

4.3 总体设计

4.3.1 功能模块设计

房产信息管理系统的功能结构主要包括以下功能模块，如图 4-1 所示。

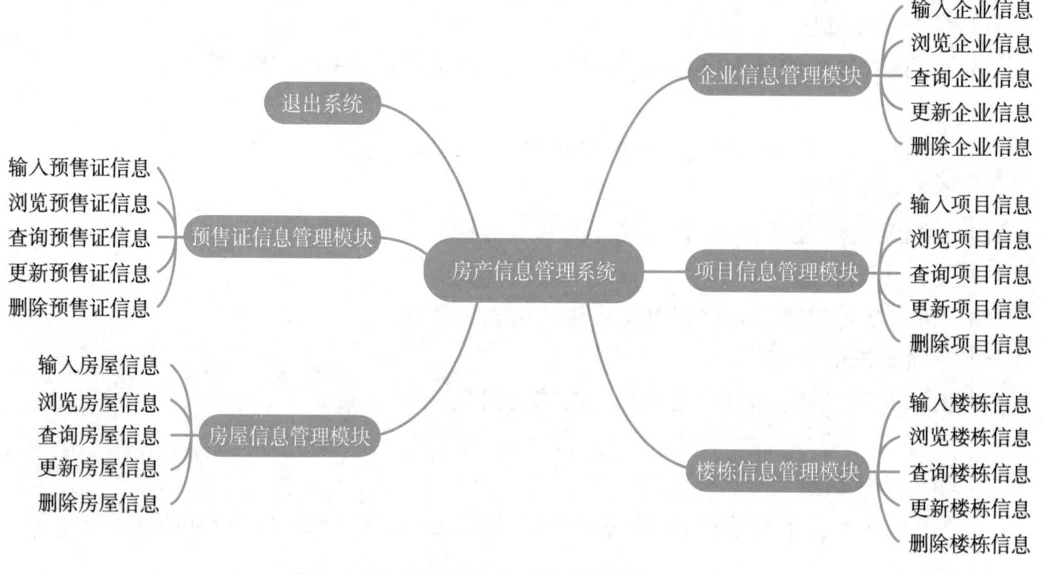

图 4-1 房产信息管理系统功能模块思维导图

4.3.2 程序处理流程

系统执行初始显示主菜单界面，用户可以输入 0～25 的任意数字来选择执行某一系统功能，若用户输入其他字符，则提示“输入错误！请重新输入！”，谨防用户的非法操作。具体的系统功能处理流程如图 4-2 所示。

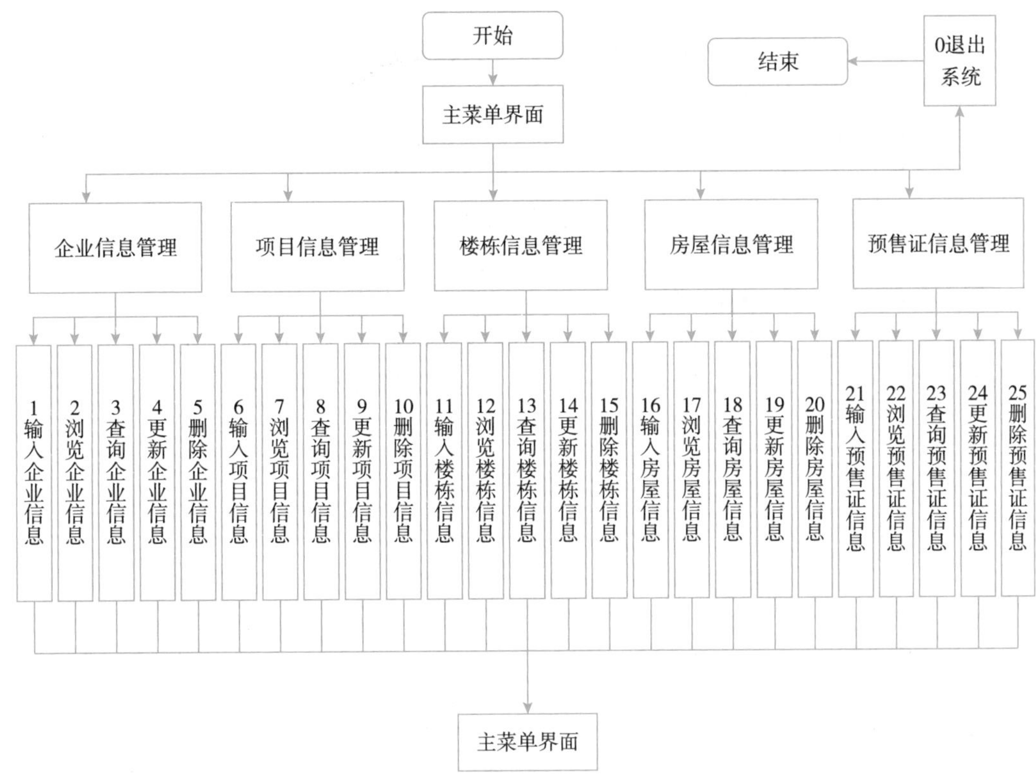

图 4-2 房产信息管理系统处理流程

(1) 若用户输入 0,则 choice=0,用户退出系统。

(2) 若用户输入 1,则调用 inputorg()函数,输入企业信息。

(3) 若用户输入 2,则调用 outputorg()函数,浏览企业信息。

(4) 若用户输入 3,则调用 search_orgname()和 search_orgaddress()函数,查询企业信息。

(5) 若用户输入 4,则调用 updateorginfo()函数,更新企业信息。

(6) 若用户输入 5,则调用 deleteorg()函数,删除企业信息。

(7) 若用户输入 6,则调用 inputproject()函数,输入项目信息。

(8) 若用户输入 7,则调用 outputproject()函数,浏览项目信息。

(9) 若用户输入 8,则调用 search_projectname()和 search_projectaddress()函数,查询项目信息。

(10) 若用户输入 9,则调用 updateprojectinfo()函数,更新项目信息。

(11) 若用户输入 10,则调用 deleteproject()函数,删除项目信息。

(12) 若用户输入 11,则调用 inputbuilding()函数,输入楼栋信息。

(13) 若用户输入 12,则调用 outputbuilding()函数,浏览楼栋信息。

(14) 若用户输入 13,则调用 search_buildingname()函数,查询楼栋信息。

(15) 若用户输入 14,则调用 updatebuildinginfo()函数,更新楼栋信息。

(16) 若用户输入 15,则调用 deletebuilding()函数,删除楼栋信息。
(17) 若用户输入 16,则调用 inputroom()函数,输入房屋信息。
(18) 若用户输入 17,则调用 outputroom()函数,浏览房屋信息。
(19) 若用户输入 18,则调用 search_roomname()函数,查询房屋信息。
(20) 若用户输入 19,则调用 updateroominfo()函数,更新房屋信息。
(21) 若用户输入 20,则调用 deleteroom()函数,删除房屋信息。
(22) 若用户输入 21,则调用 inputpresell()函数,输入预售证信息。
(23) 若用户输入 22,则调用 outputpresell()函数,浏览预售证信息。
(24) 若用户输入 23,则调用 search_presellinfo()函数,查询预售证信息。
(25) 若用户输入 24,则调用 updatepresellinfo()函数,更新预售证信息。
(26) 若用户输入 25,则调用 deletepresell()函数,删除预售证信息。

4.4 详细设计与实现

4.4.1 预处理及数据结构

1. 头文件设计

```
#include <stdio.h>                  //标准输入输出函数库
#include <string.h>                 //字符串处理函数库
#include <windows.h>                //Windows 内核 API,图形界面接口,图形设备等函数库
#include <stdlib.h>                 //标准函数库
```

2. 宏定义设计

```
#define STR_LEN 50                  //限制数组长度
```

3. 数据结构设计

```
typedef struct org                  //定义一个关于企业信息的结构体,取名为 ORG
{
    char orgName[STR_LEN];          //企业名称
    char orgAddress[STR_LEN];       //企业地址
    char orgLicense[STR_LEN];       //营业执照
    char orgLegalMan[STR_LEN];      //企业法人
    struct org * next;
}ORG, * ORG_LINK;

typedef struct project              //定义一个关于项目信息的结构体,取名为 PROJECT
{
    char projectName[STR_LEN];      //项目名称
    char projectAddress[STR_LEN];   //项目地址
    char projectArea[STR_LEN];      //项目面积
    struct project * next;
}PROJECT, * PROJECT_LINK;

typedef struct building             //定义一个关于楼栋信息的结构体,取名为 BUILDING
```

```
{
    char buildingName[STR_LEN];         //楼栋名称
    char totalFloor[STR_LEN];           //楼层数量
    char undergro[STR_LEN];             //地下层数
    char orgLegalMan[STR_LEN];          //楼栋法人
    struct building * next;
}BUILDING, * BUILDING_LINK;

typedef struct room                     //定义一个关于房屋信息的结构体,取名为 ROOM
{
    char roomNumber[STR_LEN];           //房屋号码
    char roomAddress[STR_LEN];          //房屋地址
    char roomFloor[STR_LEN];            //房屋所在楼层
    char roomArea[STR_LEN];             //房屋面积
    struct room * next;
}ROOM, * ROOM_LINK;

typedef struct presell                  //定义一个关于预售证信息的结构体,取名为 PRESELL
{
    char presellName[STR_LEN];          //预售名称
    char presellCert[STR_LEN];          //预售证号
    char presellArea[STR_LEN];          //预售面积
    char presellCount[STR_LEN];         //预售套数
    struct presell * next;
}PRESELL, * PRESELL_LINK;
```

4. 全局变量

```
ORG_LINK org;
PROJECT_LINK project;
BUILDING_LINK building;
ROOM_LINK room;
PRESELL_LINK presell;
```

5. 函数声明

```
bool menu();                                            //用户菜单界面
bool inputorg();                                        //输入企业信息
int except_orgname(char orgName[STR_LEN]);              //判断企业名称重复
void outputorg();                                       //浏览企业信息
void search_orgname();                                  //按企业名称查询
void search_orgaddress();                               //按企业地址查询
void updateorginfo();                                   //更新企业信息
void deleteorg();                                       //删除企业信息
bool inputproject();                                    //输入项目信息
int except_projectname(char projectName[STR_LEN]);      //判断项目名称重复
void outputproject();                                   //浏览项目信息
void search_projectname();                              //按项目名称查询
void search_projectaddress();                           //按项目地址查询
void updateprojectinfo();                               //更新项目信息
void deleteproject();                                   //删除项目信息
bool inputbuilding();                                   //输入楼栋信息
int except_buildingname(char buildingName[STR_LEN]); //判断楼栋名称重复
```

```
void outputbuilding();                                    //浏览楼栋信息
void search_buildingname();                               //按楼栋名称查询
void updatebuildinginfo();                                //更新楼栋信息
void deletebuilding();                                    //删除楼栋信息
bool inputroom();                                         //输入房屋信息
int except_roomnumber(char roomNumber[STR_LEN]);          //判断房屋号码重复
void outputroom();                                        //浏览房屋信息
void search_roomname();                                   //按房屋号码查询
void updateroominfo();                                    //更新房屋信息
void deleteroom();                                        //删除房屋信息
bool inputpresell();                                      //输入预售证信息
int except_presellnumber(char presellName[STR_LEN]);//判断预售证名称重复
void outputpresell();                                     //浏览预售证信息
void search_presellname();                                //按预售证名称查询
void updatepresellinfo();                                 //更新预售证信息
void deletepresell();                                     //删除预售证信息
```

4.4.2 主函数

1. 功能设计

房产信息管理系统从主函数开始执行，主函数通过调用 menu()函数的方式形成系统菜单界面，供用户进行操作选择。

2. 实现代码

1) menu()函数

该函数用于显示系统菜单界面，菜单提供 0～25 共 26 个不同的功能选项供用户选择。

```
bool menu() {

    puts("----------------------------------------------------------------------------\n");
    printf("\t\t\t 房产信息管理系统\n\n");
    printf("\t----------------------------------------------------------------------------\n\n");
    printf("\t\t        1. 输入企业信息\n");
    printf("\t\t        2. 浏览企业信息\n");
    printf("\t\t        3. 查询企业信息\n");
    printf("\t\t        4. 更新企业信息\n");
    printf("\t\t        5. 删除企业信息\n");
    printf("\t\t        6. 输入项目信息\n");
    printf("\t\t        7. 浏览项目信息\n");
    printf("\t\t        8. 查询项目信息\n");
    printf("\t\t        9. 更新项目信息\n");
    printf("\t\t        10. 删除项目信息\n");
    printf("\t\t        11. 输入楼栋信息\n");
    printf("\t\t        12. 浏览楼栋信息\n");
    printf("\t\t        13. 查询楼栋信息\n");
    printf("\t\t        14. 更新楼栋信息\n");
    printf("\t\t        15. 删除楼栋信息\n");
    printf("\t\t        16. 输入房屋信息\n");
    printf("\t\t        17. 浏览房屋信息\n");
    printf("\t\t        18. 查询房屋信息\n");
    printf("\t\t        19. 更新房屋信息\n");
    printf("\t\t        20. 删除房屋信息\n");
```

```
    printf("\t\t        21. 输入预售证信息\n");
    printf("\t\t        22. 浏览预售证信息\n");
    printf("\t\t        23. 查询预售证信息\n");
    printf("\t\t        24. 更新预售证信息\n");
    printf("\t\t        25. 删除预售证信息\n");
    printf("\t\t        0. 退出程序\n\n");
    printf("\t-----------------------------------------------------------\n\n\n");
    puts("===========================================================");
    return 1;
}
```

2）主函数

主函数在初始化链表后，循环访问 menu()函数，供用户选择相应的功能选项，并最终完成链表的创建和信息的输入。

```
int main() {
    menu();
    int choice;
    printf("请输入你的选择:");
    scanf("%d", &choice);
    while (choice != 0) {
        if (choice == 1) {
            inputorg();
        }
        else if (choice == 2) {
            outputorg();
        }
        else if (choice == 3) {
            printf("1.按企业名称查询\n");
            printf("2.按企业地址查询\n");
            printf("请选择:");
            int search_choice;
            scanf("%d", &search_choice);
            if (search_choice == 1) {
                search_orgname();
            }
            else {
                search_orgaddress();
            }
        }
        else if (choice == 4) {
            updateorginfo();
        }
        else if (choice == 5) {
            deleteorg();
        }
        else if (choice == 6) {
            inputproject();
        }
        else if (choice == 7) {
            outputproject();
```

```
    }
    else if (choice = = 8) {
        printf("1.按项目名称查询\n");
        printf("2.按项目地址查询\n");
        printf("请选择:");
        int search_choice;
        scanf(" %d", &search_choice);
        if (search_choice = = 1) {
            search_projectname();
        }
        else {
            search_projectaddress();
        }
    }
    else if (choice = = 9) {
        updateprojectinfo();
    }
    else if (choice = = 10) {
        deleteproject();
    }
    else if (choice = = 11) {
        inputbuilding();
    }
    else if (choice = = 12) {
        outputbuilding();
    }
    else if (choice = = 13) {
        search_buildingname();
    }
    else if (choice = = 14) {
        updatebuildinginfo();
    }
    else if (choice = = 15) {
        deletebuilding();
    }
    else if (choice = = 16) {
        inputroom();
    }
    else if (choice = = 17) {
        outputroom();
    }
    else if (choice = = 18) {
        search_roomname();
    }
    else if (choice = = 19) {
        updateroominfo();
    }
    else if (choice = = 20) {
        deleteroom();
    }
    else if (choice = = 21) {
```

```
            inputpresell();
        }
        else if (choice = = 22) {
            outputpresell();
        }
        else if (choice = = 23) {
            search_presellname();
        }
        else if (choice = = 24) {
            updatepresellinfo();
        }
        else if (choice = = 25) {
            deletepresell();
        }
        else {
            printf("输入错误!请重新输入\n");
        }
        system("pause");
        system("cls");
        menu();
        printf("请输入你的选择:");
        scanf(" % d", &choice);
    }
    printf("欢迎下次使用\n");
}
```

3. 核心界面

系统菜单界面如图 4-3 所示。

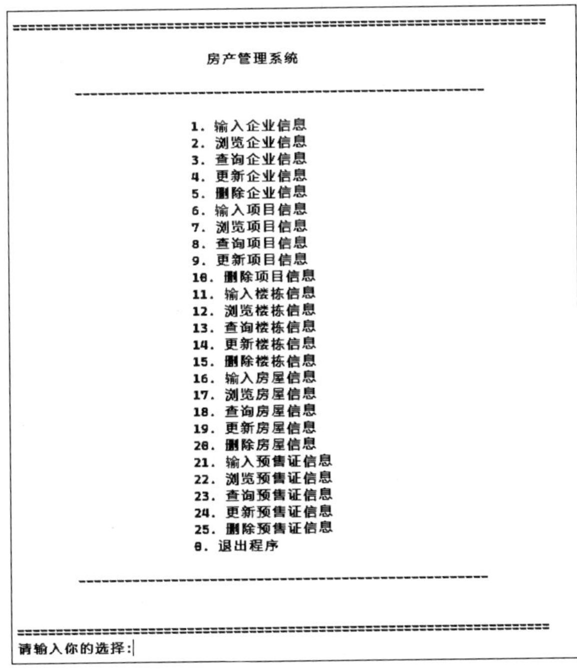

图 4-3 系统菜单界面

4.4.3 企业信息管理模块

1. 输入企业信息

1）功能设计

在输入企业信息模块中，系统根据需要创建链表结点，并输入企业名称、企业地址、营业执照和企业法人。

2）实现代码

```
//判断企业名称重复
int except_orgname(char orgName[STR_LEN]) {
    ORG_LINK temp = org;
    while (temp != NULL) {
        if (strcmp(temp->orgName, orgName) == 0) {
            return 1;
        }
        temp = temp->next;
    }
    return 0;
}
//输入企业信息
bool inputorg() {
    ORG_LINK new_org = (ORG_LINK)malloc(sizeof(ORG));
    printf("请输入企业名称:");
    scanf("%s", new_org->orgName);
    if (except_orgname(new_org->orgName) == 1) {
        printf("企业名称重复,输入企业信息失败!\n");
    }
    else {
        printf("请输入企业地址:");
        scanf("%s", new_org->orgAddress);
        printf("请输入营业执照:");
        scanf("%s", new_org->orgLicense);
        printf("请输入企业法人:");
        scanf("%s", new_org->orgLegalMan);
        new_org->next = NULL;
        if (org == NULL) {
            org = new_org;
        }
        else {
            ORG_LINK temp = org;
            while (temp->next != NULL) {
                temp = temp->next;
            }
            temp->next = new_org;
        }
        printf("输入成功!\n");
        return 1;
```

```
    }
}
```

3）核心界面

企业信息输入界面如图 4-4 所示。

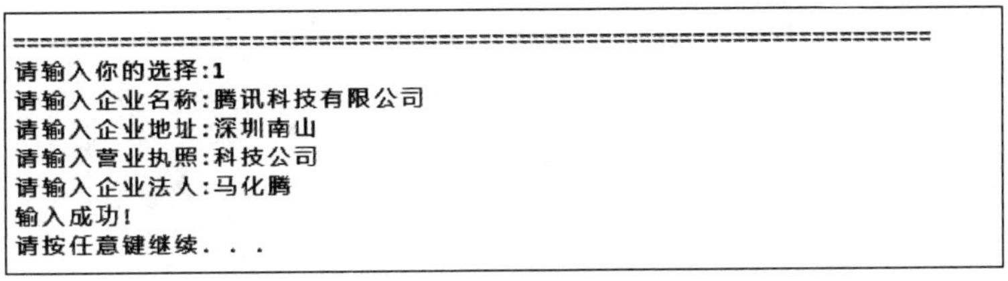

```
========================================================================
请输入你的选择:1
请输入企业名称:腾讯科技有限公司
请输入企业地址:深圳南山
请输入营业执照:科技公司
请输入企业法人:马化腾
输入成功!
请按任意键继续. . .
```

图 4-4 企业信息输入界面

2. 浏览企业信息

1）功能设计

浏览企业信息模块主要实现用户浏览所有企业信息。

2）实现代码

```
//浏览企业信息
void outputorg() {
    ORG_LINK temp = org;
    if (temp == NULL) {
        printf("暂无企业信息!\n");
    }
    else {
        printf("企业信息如下:\n");
        printf("%20s%20s%20s%20s\n", "企业名称", "企业地址", "营业执照", "企业法人");
        while (temp != NULL) {
            printf("%20s%20s%20s%20s\n", temp->orgName, temp->orgAddress, temp->
                                          orgLicense, temp->orgLicense);
            temp = temp->next;
        }
    }
}
```

3）核心界面

浏览企业信息界面如图 4-5 所示。

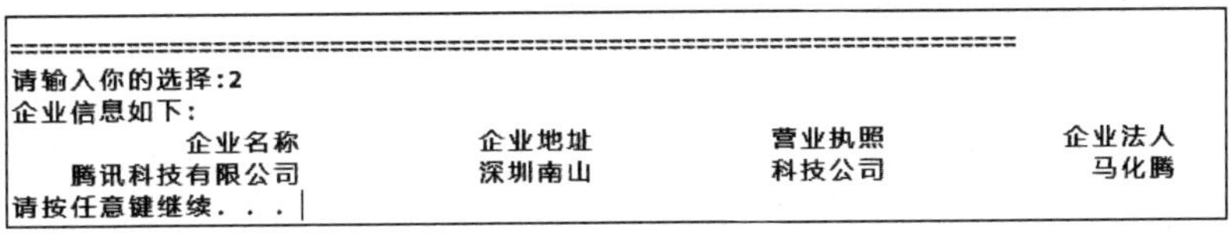

```
========================================================================
请输入你的选择:2
企业信息如下:
            企业名称            企业地址            营业执照            企业法人
    腾讯科技有限公司            深圳南山            科技公司              马化腾
请按任意键继续. . .
```

图 4-5 浏览企业信息界面

3. 查询企业信息

1）功能设计

用户可以根据需要分别按照企业名称或企业地址查询企业的相关信息。

2）实现代码

```
//按企业名称查询
void search_orgname() {
    ORG_LINK temp = org;
    if (temp == NULL) {
        printf("暂无企业信息!\n");
    }
    else {
        printf("请输入你要查询的企业名称:");
        char orgName[STR_LEN];                          //企业名称
        scanf("%s", orgName);
        while (temp != NULL) {
            if (strcmp(temp->orgName, orgName) == 0) {
                printf("企业信息如下:\n");
                printf ("%20s%20s%20s%20s\n", "企业名称", "企业地址", "营业执照", "企
                      业法人");
                printf ("%20s%20s%20s%20s\n", temp->orgName, temp->orgAddress,
                      temp->orgLicense, temp->orgLicense);
                break;
            }
            temp = temp->next;
        }
        if (temp == NULL) {
            printf("暂无企业信息!\n");
        }
    }
}
//按企业地址查询
void search_orgaddress() {
    ORG_LINK temp = org;
    if (temp == NULL) {
        printf("暂无企业信息!\n");
    }
    else {
        printf("请输入你要查询的企业地址:");
        char orgAddress[STR_LEN];                       //企业地址
        scanf("%s", orgAddress);
        while (temp != NULL) {
            if (strcmp(temp->orgAddress, orgAddress) == 0) {
                printf("企业信息如下:\n");
                printf ("%20s%20s%20s%20s\n", "企业名称", "企业地址", "营业执照", "企
                      业法人");
                printf ("%20s%20s%20s%20s\n", temp->orgName, temp->orgAddress,
                      temp->orgLicense, temp->orgLicense);
                break;
            }
            temp = temp->next;
        }
```

```
        if (temp == NULL) {
            printf("暂无企业信息!\n");
        }
    }
}
```

3）核心界面

查询企业信息界面如图 4-6 所示。

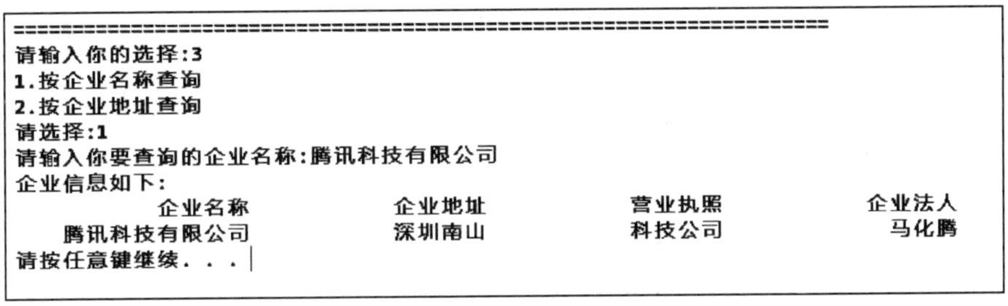

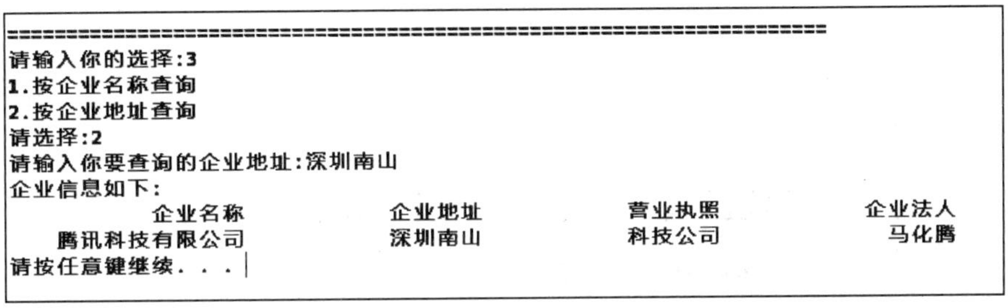

```
=====================================================================
请输入你的选择:3
1.按企业名称查询
2.按企业地址查询
请选择:1
请输入你要查询的企业名称:腾讯科技有限公司
企业信息如下:
            企业名称            企业地址            营业执照            企业法人
        腾讯科技有限公司        深圳南山            科技公司              马化腾
请按任意键继续. . .
```

```
=====================================================================
请输入你的选择:3
1.按企业名称查询
2.按企业地址查询
请选择:2
请输入你要查询的企业地址:深圳南山
企业信息如下:
            企业名称            企业地址            营业执照            企业法人
        腾讯科技有限公司        深圳南山            科技公司              马化腾
请按任意键继续. . .
```

图 4-6　查询企业信息界面

4. 更新企业信息

1）功能设计

更新企业信息主要实现用户修改指定企业的相关信息。

2）实现代码

```
//更新企业信息
void updateorginfo() {
    ORG_LINK temp = org;
    if (temp == NULL) {
        printf("暂无企业信息!\n");
    }
    else {
        printf("请输入你要更新的企业名称:");
        char orgName[STR_LEN];                      //企业名称
        scanf("%s", orgName);
        while (temp != NULL) {
            if (strcmp(temp->orgName, orgName) == 0) {
                printf("企业原始信息如下:\n");
                printf ("%20s%20s%20s%20s\n", "企业名称", "企业地址", "营业执照", "企
                    业法人");
                printf ("%20s%20s%20s%20s\n", temp->orgName, temp->orgAddress, temp->
                    orgLicense, temp->orgLegalMan);
```

```
                printf("请输入新的企业名称:");
                scanf("%s", temp->orgName);
                printf("请输入新的企业地址:");
                scanf("%s", temp->orgAddress);
                printf("请输入新的营业执照:");
                scanf("%s", temp->orgLicense);
                printf("请输入新的企业法人:");
                scanf("%s", temp->orgLegalMan);
                printf("企业信息更新成功!\n");
                break;
            }
            temp = temp->next;
        }
        if (temp == NULL) {
            printf("暂无企业信息!\n");
        }
    }
}
```

3）核心界面

更新企业信息界面如图 4-7 所示。

```
================================================================================
请输入你的选择:4
请输入你要更新的企业名称:腾讯科技有限公司
企业原始信息如下:
        企业名称                企业地址            营业执照            企业法人
    腾讯科技有限公司            深圳南山            科技公司              马化腾
请输入新的企业名称:腾讯
请输入新的企业地址:深圳南山
请输入新的营业执照:科技公司
请输入新的企业法人:马化腾
企业信息更新成功!
请按任意键继续. . .
```

图 4-7 更新企业信息界面

5. 删除企业信息

1）功能设计

删除企业信息主要实现用户删除指定企业的相关信息。

2）实现代码

```
//删除企业信息
void deleteorg() {
    ORG_LINK temp = org;
    if (temp == NULL) {
        printf("暂无企业信息!\n");
    }
    else {
        printf("请输入你要删除的企业名称:");
        char orgName[STR_LEN];                          //企业名称
        scanf("%s", orgName);
```

```
        if (strcmp(org->orgName, orgName) == 0) {
            ORG_LINK temp = org;
            org = org->next;
            free(temp);
            printf("删除企业信息成功!\n");
        }
        else {
            ORG_LINK cur = org;
            ORG_LINK pre = NULL;
            while (cur != NULL) {
                if (strcmp(cur->orgName, orgName) == 0) {
                    ORG_LINK temp = cur;
                    pre->next = cur->next;
                    free(temp);
                    printf("删除企业信息成功!\n");
                    break;
                }
                pre = cur;
                cur = cur->next;
            }
        }
    }
}
```

3）核心界面

删除企业信息界面如图 4-8 所示。

```
==========================================================================
请输入你的选择:5
请输入你要删除的企业名称:腾讯
删除企业信息成功!
请按任意键继续. . .
```

图 4-8 删除企业信息界面

4.4.4 项目信息管理模块

1. 输入项目信息

1）功能设计

输入项目信息后，系统根据需要创建链表结点，并输入项目名称、项目地址和项目面积。

2）实现代码

```
//判断项目名称重复
int except_projectname(char projectName[STR_LEN]) {
    PROJECT_LINK temp = project;
    while (temp != NULL) {
        if (strcmp(temp->projectName, projectName) == 0) {
            return 1;
        }
```

```
        temp = temp->next;
    }
    return 0;
}
//输入项目信息
bool inputproject() {
    PROJECT_LINK new_project = (PROJECT_LINK)malloc(sizeof(PROJECT));
    printf("请输入项目名称:");
    scanf("%s", new_project->projectName);
    if (except_projectname(new_project->projectName) == 1) {
        printf("项目名称重复,输入项目信息失败!\n");
    }
    else {
        printf("请输入项目地址:");
        scanf("%s", new_project->projectAddress);
        printf("请输入项目面积:");
        scanf("%s", new_project->projectArea);
        new_project->next = NULL;
        if (project == NULL) {
            project = new_project;
        }
        else {
            PROJECT_LINK temp = project;
            while (temp->next != NULL) {
                temp = temp->next;
            }
            temp->next = new_project;
        }
        printf("输入成功!\n");
        return 1;
    }
}
```

3）核心界面

项目信息输入界面如图 4-9 所示。

```
=======================================================================
请输入你的选择:6
请输入项目名称:腾讯大厦
请输入项目地址:深圳
请输入项目面积:1000m2
录入成功!
请按任意键继续. . .
```

图 4-9　项目信息输入界面

2. 浏览项目信息

1）功能设计

浏览项目信息模块主要实现用户浏览所有项目信息。

2）实现代码

```
//浏览项目信息
void outputproject() {
    PROJECT_LINK temp = project;
    if (temp == NULL) {
        printf("暂无项目信息!\n");
    }
    else {
        printf("项目信息如下:\n");
        printf("%20s%20s%20s\n", "项目名称", "项目地址", "项目面积");
        while (temp != NULL) {
            printf ("%20s%20s%20s\n", temp->projectName, temp->projectAddress, temp->
                projectArea);
            temp = temp->next;
        }
    }
}
```

3）核心界面

浏览项目信息界面如图 4-10 所示。

```
==========================================================================
请输入你的选择:7
项目信息如下:
                项目名称                项目地址                项目面积
                腾讯大厦                    深圳                  1000m2
请按任意键继续. . .
```

图 4-10 浏览项目信息界面

3. 查询项目信息

1）功能设计

用户可以根据需要分别按照项目名称或项目地址查询项目的相关信息。

2）实现代码

```
//按项目名称查询
void search_projectname() {
    PROJECT_LINK temp = project;
    if (temp == NULL) {
        printf("暂无项目信息!\n");
    }
    else {
        printf("请输入你要查询的项目名称:");
        char projectName[STR_LEN];
        scanf("%s", projectName);
        while (temp != NULL) {
            if (strcmp(temp->projectName, projectName) == 0) {
                printf("项目信息如下:\n");
                printf ("%20s%20s%20s\n", "项目名称", "项目地址", "项目面积");
                printf ("%20s%20s%20s\n", temp->projectName, temp->projectAddress,
```

```
                    temp->projectArea);
                break;
            }
            temp = temp->next;
        }
        if (temp == NULL) {
            printf("暂无项目信息!\n");
        }
    }
}
//按项目地址查询
void search_projectaddress() {
    PROJECT_LINK temp = project;
    if (temp == NULL) {
        printf("暂无项目信息!\n");
    }
    else {
        printf("请输入你要查询的项目地址:");
        char projectAddress[STR_LEN];
        scanf("%s", projectAddress);
        while (temp != NULL) {
            if (strcmp(temp->projectAddress, projectAddress) == 0) {
                printf("项目信息如下:\n");
                printf("%20s%20s%20s\n", "项目名称", "项目地址", "项目面积");
                printf ("%20s%20s%20s\n", temp->projectName, temp->projectAddress,
                    temp->projectArea);
                break;
            }
            temp = temp->next;
        }
        if (temp == NULL) {
            printf("暂无项目信息!\n");
        }
    }
}
```

3）核心界面

查询项目信息界面如图 4-11 所示。

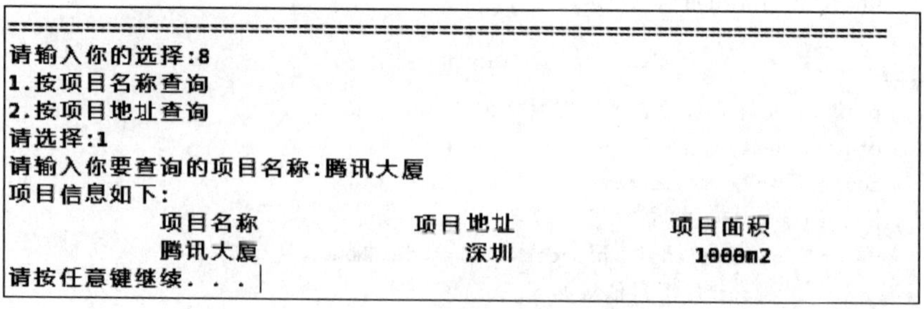

```
==========================================================================
请输入你的选择:8
1.按项目名称查询
2.按项目地址查询
请选择:1
请输入你要查询的项目名称:腾讯大厦
项目信息如下:
            项目名称                项目地址                项目面积
            腾讯大厦                    深圳                  1000m2
请按任意键继续. . .
```

图 4-11　查询项目信息界面

```
==============================================================
请输入你的选择:8
1.按项目名称查询
2.按项目地址查询
请选择:2
请输入你要查询的项目地址:深圳
项目信息如下:
            项目名称              项目地址              项目面积
            腾讯大厦                深圳                1000m2
请按任意键继续. . .
```

图 4-11(续)

4. 更新项目信息

1）功能设计

更新项目信息模块主要实现用户修改指定项目的相关信息。

2）实现代码

```
//更新项目信息
void updateprojectinfo() {
    PROJECT_LINK temp = project;
    if (temp == NULL) {
        printf("暂无项目信息!\n");
    }
    else {
        printf("请输入你要更新的项目的名称:");
        char projectName[STR_LEN];
        scanf("%s", projectName);
        while (temp != NULL) {
            if (strcmp(temp->projectName, projectName) == 0) {
                printf("项目信息如下:\n");
                printf("%20s%20s%20s\n", "项目名称", "项目地址", "项目面积");
                printf ("%20s%20s%20s\n", temp->projectName, temp->projectAddress,
                      temp->projectArea);
                printf("请输入新的项目名称:");
                scanf("%s", temp->projectName);
                printf("请输入新的项目地址:");
                scanf("%s", temp->projectAddress);
                printf("请输入新的项目面积:");
                scanf("%s", temp->projectArea);
                printf("项目信息更新成功!\n");
                break;
            }
            temp = temp->next;
        }
        if (temp == NULL) {
            printf("暂无项目信息!\n");
        }
    }
}
```

3）核心界面

更新项目信息界面如图 4-12 所示。

```
=====================================================================
请输入你的选择:9
请输入你要更新的项目的名称:腾讯大厦
项目信息如下:
                项目名称              项目地址              项目面积
                腾讯大厦                深圳                 1000m2
请输入新的项目名称:腾讯大楼
请输入新的项目地址:深圳
请输入新的项目面积:1200m2
项目信息更新成功!
请按任意键继续. . .
```

图 4-12 更新项目信息界面

5. 删除项目信息

1）功能设计

删除项目信息模块主要实现用户删除指定项目的相关信息。

2）实现代码

```
//删除项目信息
void deleteproject(){
    PROJECT_LINK temp = project;
    if (temp = = NULL) {
        printf("暂无项目信息!\n");
    }
    else {
        printf("请输入你要删除的项目的名称:");
        char projectName[STR_LEN];
        scanf(" % s", projectName);
        if (strcmp(project - >projectName, projectName) = = 0) {
            PROJECT_LINK temp = project;
            project = project - >next;
            free(temp);
            printf("删除项目信息成功!\n");
        }
        else {
            PROJECT_LINK cur = project;
            PROJECT_LINK pre = NULL;
            while (cur ! = NULL) {
                if (strcmp(cur - >projectName, projectName) = = 0) {
                    PROJECT_LINK temp = cur;
                    pre - >next = cur - >next;
                    free(temp);
                    printf("删除项目信息成功!\n");
                    break;
                }
                pre = cur;
                cur = cur - >next;
            }
```

```
        }
    }
}
```

3）核心界面

删除项目信息界面如图 4-13 所示。

```
=========================================================================
请输入你的选择:10
请输入你要删除的项目的名称:腾讯大楼
删除项目信息成功!
请按任意键继续. . .
```

图 4-13 删除项目信息界面

4.4.5 楼栋信息管理模块

1. 输入楼栋信息

1）功能设计

在输入楼栋信息模块中，系统根据需要创建链表结点，并输入楼栋的名称、楼层数量、地下层数和楼栋法人。

2）实现代码

```
//判断楼栋名称重复
int except_buildingname(char buildingName[STR_LEN]) {
    BUILDING_LINK temp = building;
    while (temp != NULL) {
        if (strcmp(temp->buildingName, buildingName) == 0) {
            return 1;
        }
        temp = temp->next;
    }
    return 0;
}
//输入楼栋信息
bool inputbuilding() {
    BUILDING_LINK new_building = (BUILDING_LINK)malloc(sizeof(BUILDING));
    printf("请输入楼栋名称:");
    scanf("%s", new_building->buildingName);
    if (except_buildingname(new_building->buildingName) == 1) {
        printf("楼栋名称重复,输入楼栋信息失败!\n");
    }
    else {
        printf("请输入楼层数量:");
        scanf("%s", new_building->totalFloor);
        printf("请输入地下层数:");
        scanf("%s", new_building->undergro);
        printf("请输入楼栋法人:");
        scanf("%s", new_building->orgLegalMan);
        new_building->next = NULL;
```

```
        if (building = = NULL) {
            building = new_building;
        }
        else {
            BUILDING_LINK temp = building;
            while (temp->next != NULL) {
                temp = temp->next;
            }
            temp->next = new_building;
        }
        printf("输入成功!\n");
        return 1;
    }
}
```

3）核心界面

楼栋信息输入界面如图 4-14 所示。

```
======================================================================
请输入你的选择:11
请输入楼栋名称:腾讯大楼
请输入楼层数量:100
请输入地下层数:10
请输入楼栋法人:马化腾
输入成功!
请按任意键继续. . .
```

图 4-14 楼栋信息输入界面

2. 浏览楼栋信息

1）功能设计

浏览楼栋信息模块主要实现用户浏览所有的楼栋信息。

2）实现代码

```
//浏览楼栋信息
void outputbuilding() {
    BUILDING_LINK temp = building;
    if (temp = = NULL) {
        printf("暂无楼栋信息!\n");
    }
    else {
        printf("楼栋信息如下:\n");
        printf ("%20s%20s%20s%20s\n", "楼栋名称", "楼层数量", "地下层数","楼栋法人");
        while (temp != NULL) {
            printf ("%20s%20s%20s%20s\n", temp->buildingName, temp->totalFloor,
                temp->undergro, temp->orgLegalMan);
            temp = temp->next;
        }
    }
}
```

3）核心界面

浏览楼栋信息界面如图 4-15 所示。

```
=====================================================================
请输入你的选择:12
楼栋信息如下:
            楼栋名称              楼层数量              地下层数              楼栋法人
            腾讯大楼                100                  10                 马化腾
请按任意键继续. . .
```

图 4-15　浏览楼栋信息界面

3. 查询楼栋信息

1）功能设计

用户可以按照楼栋名称查询楼栋的相关信息。

2）实现代码

```
//按楼栋名称查询
void search_buildingname() {
    BUILDING_LINK temp = building;
    if (temp == NULL) {
        printf("暂无楼栋信息!\n");
    }
    else {
        printf("请输入你要查询的楼栋名称:");
        char buildingName[STR_LEN];
        scanf("%s", buildingName);
        while (temp != NULL) {
            if (strcmp(temp->buildingName, buildingName) == 0) {
                printf("楼栋信息如下:\n");
                printf ("%20s%20s%20s%20s\n", "楼栋名称", "楼层数量", "地下层数", "楼
                      栋法人");
                printf ("%20s%20s%20s%20s\n", temp->buildingName, temp->totalFloor,
                      temp->undergro, temp->orgLegalMan);
                break;
            }
            temp = temp->next;
        }
        if (temp == NULL) {
            printf("暂无楼栋信息!\n");
        }
    }
}
```

3）核心界面

查询楼栋信息界面如图 4-16 所示。

```
=====================================================================
请输入你的选择:13
请输入你要查询的楼栋名称:腾讯大楼
楼栋信息如下:
            楼栋名称              楼层数量              地下层数              楼栋法人
            腾讯大楼                100                  10                 马化腾
请按任意键继续. . .
```

图 4-16　查询楼栋信息界面

4. 更新楼栋信息

1）功能设计

更新楼栋信息主要实现用户修改指定楼栋的相关信息。

2）实现代码

```
//更新楼栋信息
void updatebuildinginfo() {
    BUILDING_LINK temp = building;
    if (temp = = NULL) {
        printf("暂无楼栋信息!\n");
    }
    else {
        printf("请输入你要更新的楼栋的名称:");
        char buildingName[STR_LEN];
        scanf(" % s", buildingName);
        while (temp ! = NULL) {
            if (strcmp(temp - >buildingName, buildingName) = = 0) {
                printf("楼栋信息如下:\n");
                printf (" % 20s % 20s % 20s % 20s\n", "楼栋名称", "楼层数量", "地下层数", "楼
                      栋法人");
                printf (" % 20s % 20s % 20s % 20s\n", temp - >buildingName, temp - >totalFloor,
                      temp - >undergro, temp - >orgLegalMan);
                printf("请输入新的楼栋名称:");
                scanf(" % s", temp - >buildingName);
                printf("请输入新的楼层数量:");
                scanf(" % s", temp - >totalFloor);
                printf("请输入新的地下层数:");
                scanf(" % s", temp - >undergro);
                printf("请输入新的楼栋法人:");
                scanf(" % s", temp - >orgLegalMan);
                printf("楼栋信息更新成功!\n");
                break;
            }
            temp = temp - >next;
            if (temp = = NULL) {
            }
                printf("暂无楼栋信息!\n");
            }
        }
    }
}
```

3）核心界面

更新楼栋信息界面如图 4-17 所示。

5. 删除楼栋信息

1）功能设计

删除楼栋信息主要实现用户删除指定楼栋的相关信息。

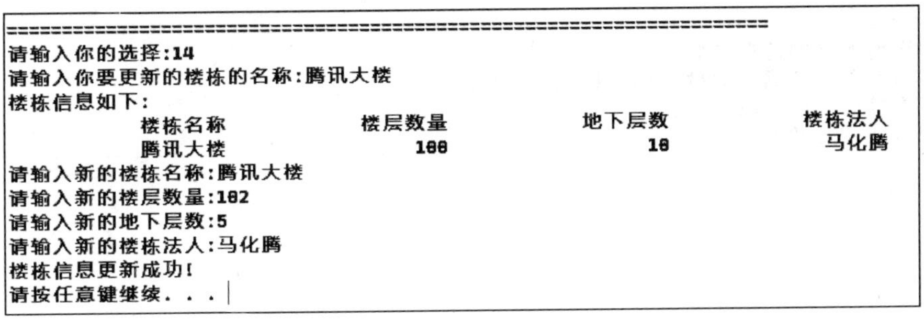

```
========================================================================
请输入你的选择:14
请输入你要更新的楼栋的名称:腾讯大楼
楼栋信息如下:
            楼栋名称                楼层数量               地下层数              楼栋法人
            腾讯大楼                  100                   10                 马化腾
请输入新的楼栋名称:腾讯大楼
请输入新的楼层数量:102
请输入新的地下层数:5
请输入新的楼栋法人:马化腾
楼栋信息更新成功!
请按任意键继续. . .
```

图 4-17 更新楼栋信息界面

2）实现代码

```
//删除楼栋信息
void deletebuilding() {
    BUILDING_LINK temp = building;
    if (temp == NULL) {
        printf("暂无楼栋信息!\n");
    }
    else {
        printf("请输入你要删除的楼栋的名称:");
        char buildingName[STR_LEN];
        scanf("%s", buildingName);
        if (strcmp(building->buildingName, buildingName) == 0) {
            BUILDING_LINK temp = building;
            building = building->next;
            free(temp);
            printf("删除楼栋信息成功!\n");
        }
        else {
            BUILDING_LINK cur = building;
            BUILDING_LINK pre = NULL;
            while (cur != NULL) {
                if (strcmp(cur->buildingName, buildingName) == 0) {
                    BUILDING_LINK temp = cur;
                    pre->next = cur->next;
                    free(temp);
                    printf("删除楼栋信息成功!\n");
                    break;
                }
                pre = cur;
                cur = cur->next;
            }
        }
    }
}
```

3）核心界面

删除楼栋信息界面如图 4-18 所示。

```
=====================================================================
请输入你的选择:15
请输入你要删除的楼栋的名称:腾讯大楼
删除楼栋信息成功!
请按任意键继续. . .
```

图 4-18　删除楼栋信息界面

4.4.6　房屋信息管理模块

1. 输入房屋信息

1）功能设计

输入房屋信息，系统根据需要创建链表结点，并输入房屋号码、房屋地址、所在层数和房屋面积。

2）实现代码

```
//判断房屋号码重复
int except_roomnumber(char roomNumber[STR_LEN]) {
    ROOM_LINK temp = room;
    while (temp != NULL) {
        if (strcmp(temp->roomNumber, roomNumber) == 0) {
            return 1;
        }
        temp = temp->next;
    }
    return 0;
}
//输入房屋信息
bool inputroom() {
    ROOM_LINK new_room = (ROOM_LINK)malloc(sizeof(ROOM));
    printf("请输入房屋号码:");
    scanf("%s", new_room->roomNumber);
    if (except_roomnumber(new_room->roomNumber) == 1) {
        printf("房屋号码重复,录入房屋信息失败!\n");
    }
    else {
        printf("请输入房屋地址:");
        scanf("%s", new_room->roomAddress);
        printf("请输入所在层:");
        scanf("%s", new_room->roomFloor);
        printf("请输入房屋面积:");
        scanf("%s", new_room->roomArea);
        new_room->next = NULL;
        if (room == NULL) {
            room = new_room;
        }
        else {
```

```
            ROOM_LINK temp = room;
            while (temp->next != NULL) {
                temp = temp->next;
            }
            temp->next = new_room;
        }
        printf("录入成功!\n");
        return 1;
    }
}
```

3）核心界面

房屋信息输入界面如图 4-19 所示。

```
==========================================================================
请输入你的选择:16
请输入房屋号码:101
请输入房屋地址:深圳南山科技园
请输入所在层:10
请输入房屋面积:20m2
输入成功!
请按任意键继续. . .
```

图 4-19　房屋信息输入界面

2. 浏览房屋信息

1）功能设计

浏览房屋信息模块主要实现用户浏览所有房屋信息。

2）实现代码

```
//浏览房屋信息
void outputroom() {
    ROOM_LINK temp = room;
    if (temp == NULL) {
        printf("暂无房屋信息!\n");
    }
    else {
        printf("房屋信息如下:\n");
        printf("%20s%20s%20s%20s\n", "房屋号码", "房屋地址", "所在层数", "房屋面
            积");
        while (temp != NULL) {
            printf("%20s%20s%20s%20s\n", temp->roomNumber, temp->roomAddress,
                temp->roomFloor, temp->roomArea);
            temp = temp->next;
        }
    }
}
```

3）核心界面

浏览房屋信息界面如图 4-20 所示。

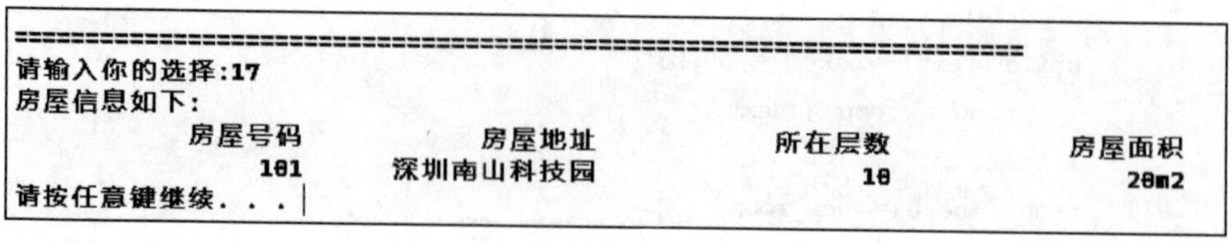

```
================================================================
请输入你的选择:17
房屋信息如下:
            房屋号码              房屋地址                所在层数              房屋面积
                 101        深圳南山科技园                      10                  20m2
请按任意键继续. . .
```

图 4-20 浏览房屋信息界面

3. 查询房屋信息

1）功能设计

用户可以按照房屋号码查询房屋的相关信息。

2）实现代码

```
//按房屋号码查询
void search_roomname() {
    ROOM_LINK temp = room;
    if (temp == NULL) {
        printf("暂无房屋信息!\n");
    }
    else {
        printf("请输入你要查询的房屋号码:");
        char roomNumber[STR_LEN];
        scanf("%s", roomNumber);
        while (temp != NULL) {
            if (strcmp(temp->roomNumber, roomNumber) == 0) {
                printf("房屋信息如下:\n");
                printf ("%20s%20s%20s%20s\n", "房屋号码", "房屋地址", "所在层数", "房
                        屋面积");
                printf ("%20s%20s%20s%20s\n", temp->roomNumber, temp->roomAddress,
                        temp->roomFloor, temp->roomArea);
                break;
            }
            temp = temp->next;
        }
        if (temp == NULL) {
            printf("暂无房屋信息!\n");
        }
    }
}
```

3）核心界面

查询房屋信息界面如图 4-21 所示。

```
================================================================
请输入你的选择:18
请输入你要查询的房屋号码:101
房屋信息如下:
            房屋号码              房屋地址                所在层数              房屋面积
                 101        深圳南山科技园                      10                  20m2
请按任意键继续. . .
```

图 4-21 查询房屋信息界面

4. 更新房屋信息

1）功能设计

更新房屋信息模块主要实现用户修改指定房屋的相关信息。

2）实现代码

```
//更新房屋信息
void updateroominfo() {
    ROOM_LINK temp = room;
    if (temp == NULL) {
        printf("暂无房屋信息!\n");
    }
    else {
        printf("请输入你要更新的房屋的号码:");
        char roomNumber[STR_LEN];
        scanf("%s", roomNumber);
        while (temp != NULL) {
            if (strcmp(temp->roomNumber, roomNumber) == 0) {
                printf("房屋信息如下:\n");
                printf ("%20s%20s%20s%20s\n", "房屋号码", "房屋地址", "所在层数", "房
                      屋面积");
                printf ("%20s%20s%20s%20s\n",temp->roomNumber, temp->roomAddress,
                      temp->roomFloor, temp->roomArea);
                printf("请输入新的房屋号码:");
                scanf("%s", temp->roomNumber);
                printf("请输入新的房屋地址:");
                scanf("%s", temp->roomAddress);
                printf("请输入新的所在层数:");
                scanf("%s", temp->roomFloor);
                printf("请输入新的房屋面积:");
                scanf("%s", temp->roomArea);
                printf("房屋信息更新成功!\n");
                break;
            }
            temp = temp->next;
            if (temp == NULL) {
            }
            printf("暂无房屋信息!\n");
        }
    }
}
```

3）核心界面

更新房屋信息界面如图 4-22 所示。

5. 删除房屋信息

1）功能设计

删除房屋信息模块主要实现用户删除指定房屋的相关信息。

```
==================================================================
请输入你的选择:
19
请输入你要更新的房屋的号码:101
房屋信息如下:
            房屋号码            房屋地址                所在层数            房屋面积
               101          深圳南山科技园                  10                20m2
请输入新的房屋号码:102
请输入新的房屋地址:深圳南山科技园
请输入新的所在层数:10
请输入新的房屋面积:22m2
房屋信息更新成功!
请按任意键继续. . .
```

图 4-22　更新房屋信息界面

2）实现代码

```
//删除房屋信息
void deleteroom() {
    ROOM_LINK temp = room;
        if (temp = = NULL) {
            printf("暂无房屋信息!\n");
        }
        else {
            printf("请输入你要删除的房屋的号码:");
            char roomNumber[STR_LEN];
            scanf(" % s", roomNumber);
            if (strcmp(room - >roomNumber, roomNumber) = = 0) {
                ROOM_LINK temp = room;
                room = room - >next;
                free(temp);
                printf("删除房屋信息成功!\n");
            }
            else {
                ROOM_LINK cur = room;
                ROOM_LINK pre = NULL;
                while (cur ! = NULL) {
                    if (strcmp(cur - >roomNumber, roomNumber) = = 0) {
                        ROOM_LINK temp = cur;
                        pre - >next = cur - >next;
                        free(temp);
                        printf("删除房屋信息成功!\n");
                        break;
                    }
                    pre = cur;
                    cur = cur - >next;
                }
            }
        }
}
```

3）核心界面

删除房屋信息界面如图 4-23 所示。

```
=====================================================================
请输入你的选择:20
请输入你要删除的房屋的号码:102
删除房屋信息成功!
请按任意键继续. . .
```

图 4-23　删除房屋信息界面

4.4.7　预售证信息管理模块

1. 输入预售证信息

1）功能设计

输入预售证信息，系统根据需要创建链表结点，并输入预售的名称、预售证号、预售面积和预售套数。

2）实现代码

```
//判断预售名称是否重复
int except_presellname(char presellName[STR_LEN]) {
    PRESELL_LINK temp = presell;
    while (temp != NULL) {
        if (strcmp(temp->presellName, presellName) == 0) {
            return 1;
        }
        temp = temp->next;
    }
    return 0;
}
//输入预售证信息
bool inputpresell() {
    char presellName[STR_LEN];                    //预售名称
    char presellCert[STR_LEN];                    //预售证号
    char presellArea[STR_LEN];                    //预售面积
    char presellCount[STR_LEN];                   //预售套数
    PRESELL_LINK new_presell = (PRESELL_LINK)malloc(sizeof(PRESELL));
    printf("请输入预售名称:");
    scanf("%s", new_presell->presellName);
    if (except_presellname(new_presell->presellName) == 1) {
        printf("预售名称重复,输入预售证信息失败!\n");
    }
    else {
        printf("请输入预售证号:");
        scanf("%s", new_presell->presellCert);
        printf("请输入预售面积:");
        scanf("%s", new_presell->presellArea);
        printf("请输入预售套数:");
```

```
        scanf(" %s", new_presell->presellCount);
        new_presell->next = NULL;
        if (presell == NULL) {
            presell = new_presell;
        }
        else {
            PRESELL_LINK temp = presell;
            while (temp->next != NULL) {
                temp = temp->next;
            }
            temp->next = new_presell;
        }
        printf("输入成功!\n");
        return 1;
    }
}
```

3）核心界面

预售证信息输入界面如图 4-24 所示。

```
================================================================================
请输入你的选择:21
请输入预售名称:深圳湾1号
请输入预售证号:10001
请输入预售面积:100m2
请输入预售套数:20
输入成功!
请按任意键继续. . .
```

图 4-24 预售证信息输入界面

2. 浏览预售证信息

1）功能设计

浏览预售证信息模块主要实现用户浏览所有预售证信息。

2）实现代码

```
//浏览预售证信息
void outputpresell() {
    PRESELL_LINK temp = presell;
    if (temp == NULL) {
        printf("暂无预售证信息!\n");
    }
    else {
        printf("预售证信息如下:\n");
        printf("%20s%20s%20s%20s\n", "预售名称", "预售证号", "预售面积", "预售套数");
        while (temp != NULL) {
            printf ("%20s%20s%20s%20s\n", temp->presellName, temp->presellCert,
                    temp->presellArea, temp->presellCount);
            temp = temp->next;
        }
```

```
    }
}
```

3）核心界面

浏览预售证信息界面如图 4-25 所示。

```
==================================================================
请输入你的选择:22
预售证信息如下:
            预售名称              预售证号              预售面积              预售套数
           深圳湾1号                10001                100m2                   20
请按任意键继续. . .
```

图 4-25　浏览预售证信息界面

3. 查询预售证信息

1）功能设计

用户可以按照预售名称查询预售证的相关信息。

2）实现代码

```
//按预售名称查询
void search_presellname() {
    PRESELL_LINK temp = presell;
    if (temp == NULL) {
        printf("暂无预售证信息!\n");
    }
    else {
        printf("请输入你要查询的预售名称:");
        char presellName[STR_LEN];
        scanf("%s", presellName);
        while (temp != NULL) {
            if (strcmp(temp->presellName, presellName) == 0) {
                printf("预售证信息如下:\n");
                printf ("%20s%20s%20s%20s\n", "预售名称", "预售证号", "预售面积", "预
                    售套数");
                printf ("%20s%20s%20s%20s\n", temp->presellName, temp->presellCert,
                    temp->presellArea, temp->presellCount);
                break;
            }
            temp = temp->next;
        }
        if (temp == NULL) {
            printf("暂无预售证信息!\n");
        }
    }
}
```

3）核心界面

查询预售证信息界面如图 4-26 所示。

```
================================================================================
请输入你的选择:23
请输入你要查询的预售名称:深圳湾1号
预售证信息如下:
            预售名称            预售证号            预售面积            预售套数
            深圳湾1号              10001              100m2                 20
请按任意键继续. . .
```

图 4-26 查询预售证信息界面

4. 更新预售证信息

1）功能设计

更新预售证信息模块主要实现用户修改指定的预售证信息。

2）实现代码

```
//更新预售证信息
void updatepresellinfo() {
    PRESELL_LINK temp = presell;
    if (temp == NULL) {
        printf("暂无预售证信息!\n");
    }
    else {
        printf("请输入你要更新的预售的名称:");
        char presellName[STR_LEN];
        scanf("%s", presellName);
        while (temp != NULL) {
            if (strcmp(temp->presellName, presellName) == 0) {
                printf("预售证信息如下:\n");
                printf ("%20s%20s%20s%20s\n", "预售名称", "预售证号", "预售面积", "预
                    售套数");
                printf ("%20s%20s%20s%20s\n", temp->presellName, temp->presellCert,
                    temp->presellArea, temp->presellCount);
                printf("请输入新的预售名称:");
                scanf("%s", temp->presellName);
                printf("请输入新的预售证号:");
                scanf("%s", temp->presellCert);
                printf("请输入新的预售面积:");
                scanf("%s", temp->presellArea);
                printf("请输入新的预售套数:");
                scanf("%s", temp->presellCount);
                printf("预售证信息更新成功!\n");
                break;
            }
            temp = temp->next;
            if (temp == NULL) {
            }
            printf("暂无预售证信息!\n");
        }
    }
}
```

3）核心界面

更新预售证信息界面如图 4-27 所示。

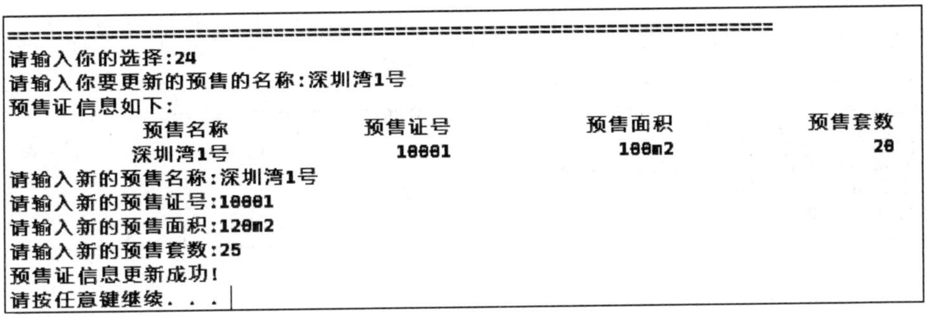

```
=======================================================================
请输入你的选择:24
请输入你要更新的预售的名称:深圳湾1号
预售证信息如下:
        预售名称            预售证号            预售面积            预售套数
       深圳湾1号             10001              100m2                 20
请输入新的预售名称:深圳湾1号
请输入新的预售证号:10001
请输入新的预售面积:120m2
请输入新的预售套数:25
预售证信息更新成功!
请按任意键继续. . .
```

图 4-27　更新预售证信息界面

5. 删除预售证信息

1）功能设计

删除预售证信息模块主要实现用户删除指定的预售证信息。

2）实现代码

```
//删除预售证信息
void deletepresell() {
    PRESELL_LINK temp = presell;
    if (temp == NULL) {
        printf("暂无预售证信息!\n");
    }
    else {
        printf("请输入你要删除的预售名称:");
        char presellName[STR_LEN];
        scanf("%s", presellName);
        if (strcmp(presell->presellName, presellName) == 0) {
            PRESELL_LINK temp = presell;
            presell = presell->next;
            free(temp);
            printf("删除预售证信息成功!\n");
        }
        else {
            PRESELL_LINK cur = presell;
            PRESELL_LINK pre = NULL;
            while (cur != NULL) {
                if (strcmp(cur->presellName, presellName) == 0) {
                    PRESELL_LINK temp = cur;
                    pre->next = cur->next;
                    free(temp);
                    printf("删除预售证信息成功!\n");
                    break;
                }
                pre = cur;
                cur = cur->next;
            }
        }
```

```
    }
}
```

3）核心界面

删除预售证信息界面如图 4-28 所示。

```
================================================================
请输入你的选择:25
请输入你要删除的预售名称:深圳湾1号
删除预售证信息成功!
请按任意键继续. . .
```

图 4-28 删除预售证信息界面

4.5 系统测试

对各个主要功能模块进行详细的功能测试，部分测试用例见表 4-1～表 4-25，主要关注错误输入值的测试情况。

表 4-1 输入企业信息模块测试用例

用例编号	4-1	被测功能点	输入企业信息
测试步骤	选择功能："1. 输入企业信息"		
序号	输入数据/动作	预期结果	测试结果
1	输入企业信息	显示"输入成功！"	通过
2	输入的企业名称已经存在	提示用户"企业名称重复，输入企业信息失败"	通过

表 4-2 浏览企业信息模块测试用例

用例编号	4-2	被测功能点	浏览企业信息
测试步骤	选择功能："2. 浏览企业信息"		
序号	输入数据/动作	预期结果	测试结果
1	用户尚未输入企业信息	显示"暂无企业信息"	通过
2	企业信息已经被成功输入	显示所有企业的相关信息	通过

表 4-3 查询企业信息模块测试用例

用例编号	4-3	被测功能点	查询企业信息
测试步骤	选择功能："3. 查询企业信息"		
序号	输入数据/动作	预期结果	测试结果
1	若无企业信息	显示"暂无企业信息"	通过
2	1. 选择" 1. 按企业名称查询" 2. 输入不存在的企业名称	显示"暂无企业信息"	通过

续表

序号	输入数据/动作	预 期 结 果	测试结果
3	1. 选择“2. 按企业地址查询” 2. 企业信息非空 3. 输入不存在的企业地址	显示“暂无企业信息”	通过
4	1. 选择“1. 按企业名称查询” 2. 企业信息非空 3. 输入存在的企业名称	显示该企业的所有相关信息	通过
5	1. 选择“2. 按企业地址查询” 2. 企业信息非空 3. 输入存在的企业地址	显示该企业的所有相关信息	通过
6	选择除“1”和“2”外其余非法选项	返回主菜单	通过

表 4-4　更新企业信息模块测试用例

用例编号	4-4	被测功能点	更新企业信息
测试步骤	选择功能:“4. 更新企业信息”		
序号	输入数据/动作	预 期 结 果	测试结果
1	企业信息为空	显示“暂无企业信息”	通过
2	输入不存在的企业名称	显示“暂无企业信息”	通过
3	1. 输入存在的企业名称 2. 修改“1. 企业名称、2. 企业地址、3. 营业执照、4. 企业法人”	显示“企业信息更新成功!”	通过

表 4-5　删除企业信息模块测试用例

用例编号	4-5	被测功能点	删除企业信息
测试步骤	选择功能:“5. 删除企业信息”		
序号	输入数据/动作	预 期 结 果	测试结果
1	企业信息为空	显示“暂无企业信息”	通过
2	输入不存在的企业名称	显示“暂无企业信息”	通过
3	1. 输入存在的企业名称 2. 删除企业信息	显示“企业信息删除成功!”	通过

表 4-6　输入项目信息模块测试用例

用例编号	4-6	被测功能点	输入项目信息
测试步骤	选择功能:“6. 输入项目信息”		
序号	输入数据/动作	预 期 结 果	测试结果
1	输入项目信息	显示“输入成功!”	通过
2	输入的项目名称已经存在	提示用户“项目名称重复,输入项目信息失败”	通过

表 4-7 浏览项目信息模块测试用例

用例编号	4-7	被测功能点	浏览项目信息
测试步骤	选择功能:"7. 浏览项目信息"		
序号	输入数据/动作	预 期 结 果	测试结果
1	用户尚未输入项目信息	显示"暂无项目信息"	通过
2	项目信息已经被成功输入	显示所有项目的相关信息	通过

表 4-8 查询项目信息模块测试用例

用例编号	4-8	被测功能点	查询项目信息
测试步骤	选择功能:"8. 查询项目信息"		
序号	输入数据/动作	预 期 结 果	测试结果
1	若无项目信息	显示"暂无项目信息"	通过
2	1. 选择"1. 按项目名称查询" 2. 输入不存在的项目名称	显示"暂无项目信息"	通过
3	1. 选择"2. 按项目地址查询" 2. 项目信息非空 3. 输入不存在的项目地址	显示"暂无项目信息"	通过
4	1. 选择"1. 按项目名称查询" 2. 项目信息非空 3. 输入存在的项目名称	显示该项目的所有相关信息	通过
5	1. 选择"2. 按项目地址查询" 2. 项目信息非空 3. 输入存在的项目地址	显示该项目的所有相关信息	通过
6	选择除"1"和"2"外其余非法选项	返回主菜单	通过

表 4-9 更新项目信息模块测试用例

用例编号	4-9	被测功能点	更新项目信息
测试步骤	选择功能:"9. 更新项目信息"		
序号	输入数据/动作	预 期 结 果	测试结果
1	项目信息为空	显示"暂无项目信息"	通过
2	输入不存在的项目名称	显示"暂无项目信息"	通过
3	1. 输入存在的项目名称 2. 修改"1. 项目名称、2. 项目地址、3. 项目面积"	显示"项目信息更新成功!"	通过

表 4-10 删除项目信息模块测试用例

用例编号	4-10	被测功能点	删除项目信息
测试步骤	选择功能:"10. 删除项目信息"		
序号	输入数据/动作	预 期 结 果	测试结果
1	项目信息为空	显示"暂无项目信息"	通过

续表

序号	输入数据/动作	预 期 结 果	测试结果
2	输入不存在的项目名称	显示“暂无项目信息”	通过
3	1. 输入存在的项目名称 2. 删除项目信息	显示“项目信息删除成功!”	通过

表 4-11 输入楼栋信息模块测试用例

用例编号	4-11	被测功能点	输入楼栋信息
测试步骤	选择功能:“11. 输入楼栋信息”		
序号	输入数据/动作	预 期 结 果	测试结果
1	输入楼栋信息	显示“输入成功!”	通过
2	输入的楼栋名称已经存在	提示用户“楼栋名称重复,输入楼栋信息失败”	通过

表 4-12 浏览楼栋信息模块测试用例

用例编号	4-12	被测功能点	浏览楼栋信息
测试步骤	选择功能:“12. 浏览楼栋信息”		
序号	输入数据/动作	预 期 结 果	测试结果
1	用户尚未输入楼栋信息	显示“暂无楼栋信息”	通过
2	楼栋信息已经被成功输入	显示所有楼栋的相关信息	通过

表 4-13 查询楼栋信息模块测试用例

用例编号	4-13	被测功能点	查询楼栋信息
测试步骤	选择功能:“13. 查询楼栋信息”		
序号	输入数据/动作	预 期 结 果	测试结果
1	若无项目信息	显示“暂无楼栋信息”	通过
2	1. 选择“1. 按楼栋名称查询” 2. 输入不存在的项目名称	显示“暂无楼栋信息”	通过
3	1. 选择“1. 按楼栋名称查询” 2. 楼栋信息非空 3. 输入存在的楼栋名称	显示该楼栋的所有相关信息	通过

表 4-14 更新楼栋信息模块测试用例

用例编号	4-14	被测功能点	更新楼栋信息
测试步骤	选择功能:“14. 更新楼栋信息”		
序号	输入数据/动作	预 期 结 果	测试结果
1	楼栋信息为空	显示“暂无楼栋信息”	通过
2	输入不存在的楼栋名称	显示“暂无楼栋信息”	通过

续表

序号	输入数据/动作	预期结果	测试结果
3	1. 输入存在的楼栋名称 2. 修改"1. 楼栋名称、2. 楼层数量、3. 地下层数、4. 楼层法人"	显示"楼栋信息更新成功!"	通过

表 4-15　删除楼栋信息模块测试用例

用例编号	4-15	被测功能点	删除楼栋信息
测试步骤	选择功能:"15. 删除楼栋信息"		
序号	输入数据/动作	预期结果	测试结果
1	楼栋信息为空	显示"暂无楼栋信息"	通过
2	输入不存在的楼栋名称	显示"暂无楼栋信息"	通过
3	1. 输入存在的楼栋名称 2. 删除楼栋信息	显示"楼栋信息删除成功!"	通过

表 4-16　输入房屋信息模块测试用例

用例编号	4-16	被测功能点	输入房屋信息
测试步骤	选择功能:"16. 输入房屋信息"		
序号	输入数据/动作	预期结果	测试结果
1	输入房屋信息	显示"输入成功!"	通过
2	输入的房屋号码已经存在	提示用户"房屋号码重复,输入房屋信息失败"	通过

表 4-17　浏览房屋信息模块测试用例

用例编号	4-17	被测功能点	浏览房屋信息
测试步骤	选择功能:"17. 浏览房屋信息"		
序号	输入数据/动作	预期结果	测试结果
1	用户尚未输入房屋信息	显示"暂无房屋信息"	通过
2	房屋信息已经被成功输入	显示所有房屋的相关信息	通过

表 4-18　查询房屋信息模块测试用例

用例编号	4-18	被测功能点	查询房屋信息
测试步骤	选择功能:"18. 查询房屋信息"		
序号	输入数据/动作	预期结果	测试结果
1	若无项目信息	显示"暂无房屋信息"	通过
2	1. 选择"1. 按房屋号码查询" 2. 输入不存在的房屋号码	显示"暂无房屋信息"	通过
3	1. 选择"1. 按房屋号码查询" 2. 房屋信息非空 3. 输入存在的房屋号码	显示该房屋的所有相关信息	通过

表 4-19　更新房屋信息模块测试用例

用例编号	4-19	被测功能点	更新房屋信息
测试步骤	选择功能："19. 更新房屋信息"		
序号	输入数据/动作	预 期 结 果	测试结果
1	房屋信息为空	显示"暂无房屋信息"	通过
2	输入不存在的房屋号码	显示"暂无房屋信息"	通过
3	1. 输入存在的房屋号码 2. 修改"1. 房屋号码、2. 房屋地址、3. 所在层数、4. 房屋面积"	显示"房屋信息更新成功!"	通过

表 4-20　删除房屋信息模块测试用例

用例编号	4-20	被测功能点	删除房屋信息
测试步骤	选择功能："20. 删除房屋信息"		
序号	输入数据/动作	预 期 结 果	测试结果
1	房屋信息为空	显示"暂无房屋信息"	通过
2	输入不存在的房屋号码	显示"暂无房屋信息"	通过
3	1. 输入存在的房屋号码 2. 删除房屋信息	显示"房屋信息删除成功!"	通过

表 4-21　输入预售证信息模块测试用例

用例编号	4-21	被测功能点	输入预售证信息
测试步骤	选择功能："21. 输入预售证信息"		
序号	输入数据/动作	预 期 结 果	测试结果
1	输入预售证信息	显示"输入成功!"	通过
2	输入的预售名称已经存在	提示用户"预售名称重复,输入预售证信息失败"	通过

表 4-22　浏览预售证信息模块测试用例

用例编号	4-22	被测功能点	浏览预售证信息
测试步骤	选择功能："22. 浏览预售证信息"		
序号	输入数据/动作	预 期 结 果	测试结果
1	用户尚未输入预售证信息	显示"暂无预售证信息"	通过
2	预售证信息已经被成功输入	显示所有预售证的相关信息	通过

表 4-23　查询预售证信息模块测试用例

用例编号	4-23	被测功能点	查询预售证信息
测试步骤	选择功能："23. 查询预售证信息"		
序号	输入数据/动作	预 期 结 果	测试结果
1	若无预售证信息	显示"暂无预售证信息"	通过

续表

序号	输入数据/动作	预期结果	测试结果
2	1. 选择"1. 按预售名称查询" 2. 输入不存在的预售名称	显示"暂无预售证信息"	通过
3	1. 选择"1. 按预售名称查询" 2. 预售证信息非空 3. 输入存在的预售名称	显示该预售证的所有相关信息	通过

表 4-24 更新预售证信息模块测试用例

用例编号	4-24	被测功能点	更新预售证信息
测试步骤	选择功能:"24. 更新预售证信息"		
序号	输入数据/动作	预期结果	测试结果
1	预售证信息为空	显示"暂无预售证信息"	通过
2	输入不存在的预售名称	显示"暂无预售证信息"	通过
3	1. 输入存在的预售名称 2. 修改"1. 预售名称、2. 预售证号、3. 预售面积、4. 预售套数"	显示"预售证信息更新成功!"	通过

表 4-25 删除预售证信息模块测试用例

用例编号	4-25	被测功能点	删除预售证信息
测试步骤	选择功能:"25. 删除预售证信息"		
序号	输入数据/动作	预期结果	测试结果
1	预售证信息为空	显示"暂无预售证信息"	通过
2	输入不存在的预售名称	显示"暂无预售证信息"	通过
3	1. 输入存在的预售名称 2. 删除预售证信息	显示"预售证信息删除成功!"	通过

能力测试

设计一个简易的教师工资管理系统,每个教师的信息包括教师号、姓名、性别、所在部门、联系电话、基本工资、课酬、应发工资、社保、公积金、合计扣款和实发工资。注:应发工资=基本工资+课酬;合计扣款=社保+公积金;实发工资=应发工资－合计扣款。系统的基本功能包括:输入教师基本工资、课酬、社保、公积金等基本数据;实发工资、应发工资、合计扣款通过计算得到;具有排序功能,且按照教师工资进行排序。

第3篇　物联网系统

室内装修污染物及人们的各种不良生活习惯，导致室内环境隐患较多。PM2.5 粉尘颗粒浓度会影响人的健康，室内装修过后的甲醛含量或残留的有害气体会对人的身体健康造成一定的威胁。利用物联网技术设计家庭儿童房环境监控系统，对室内环境进行实时监控，可以第一时间了解家庭室内环境情况并采取相应的措施，为儿童营造一个安全、轻松、快乐的成长环境。

随着我国社会经济水平的快速发展，城镇化和工业化进程也加快了速度。在地区工业化推动下，部分区域供水存在设备老旧等问题，部分居民缺乏地下水循环的专业知识，处理生活污水和使用农药的方法不科学，导致部分地区净水效果不佳，无法保障水质安全，影响家庭农场饮用水的使用。设计家庭农场饮用水环境监控系统，自动完成家庭农场饮用水环境监控，确保了水源的质量，保障了饮用者的健康，提高了家庭农场的管理效率。

本篇以家庭室内装修导致的空气污染问题和工业化导致的家庭农场自饮水污染问题为起点，将 C 语言知识与物联网应用相结合，可以让读者以项目的形式沉浸式学习，巩固其C语言基础知识，提高其解决实际问题的能力。

第5章 家庭儿童房环境监控系统

【学习目标】

1. 了解各类传感器的基本原理。
2. 掌握STM32单片机开发的基本流程。
3. 掌握C语言应用编程的基本规则。
4. 掌握C语言函数和函数调用的基本方法。
5. 掌握C语言多文件系统的使用方法。

5.1 设计目的

以家庭儿童房环境监控系统为项目案例，让学生从零开始认识STM32单片机、传感器和控制设备，快速搭建智能终端开发的软硬件平台。使用C语言编程的方式实现STM32单片机初始化，通过编写传感器模块代码、设备控制代码和无线网络传输控制代码，实现环境信息采集和设备的控制，掌握智能终端设备C语言程序开发的一般方法，提高学生在智能终端控制类项目中的C语言编程应用能力。

5.2 功能需求分析

家庭儿童房环境监控系统主要有以下几个功能。

(1) 温湿度采集功能。温湿度是影响儿童舒适度和健康的重要因素，不适宜的温湿度可能导致其感冒、过敏等。因此，系统需要具备温湿度采集功能。

(2) 甲醛浓度采集功能。甲醛是一种有害气体，长期暴露在甲醛环境中会对儿童的健康产生负面影响，容易引起呼吸道疾病、皮肤过敏等问题。因此，系统需要具备甲醛浓度采集功能。

(3) 二氧化碳浓度采集功能。二氧化碳是人体代谢产生的一种气体，在密闭的房间里如果二氧化碳浓度过高，会使儿童出现头痛、失眠、注意力不集中等症状。因此，系统需要具备二氧化碳浓度采集功能。

(4) 粉尘浓度采集功能。粉尘是一种常见的空气污染物，如果室内粉尘含量过高，会刺激儿童的呼吸道和皮肤，导致咳嗽、鼻塞等问题。因此，系统需要具备粉尘浓度采集功能。

(5) 声音数据采集功能。声音会对儿童的睡眠质量、语言发展和听力健康方面产生影响，持续强烈的噪声可能导致儿童出现失眠、易惊、耳膜受损等问题。因此，系统需要具备声音数据采集功能。

(6) 光照强度采集功能。光照是影响儿童昼夜节律和视力成长的重要因素。对于0～6个月大的婴儿，需要接触大量自然光线以帮助他们建立昼夜区别，但室内过强或过弱的光线都有可能对婴儿的视力和情绪产生不良影响。系统需要具备光照强度采集功能。

(7) 排风功能。污染物浓度过高会对儿童健康产生影响，需要通过系统自动化监测，实时启动风扇进行排风，降低空气中的污染物浓度。系统需要具备风扇排除气功能。

(8) 加湿功能。室内空气过于干燥会对儿童健康产生影响，通过系统自动化监测，实时启动加湿器加湿。系统需要具备空气加湿功能。

(9) 报警功能。当环境参数超出系统设定范围，系统启动报警功能，通知家长关注环境状况。系统需要具备报警功能(该功能是系统自带功能)。

5.3 总体设计

家庭儿童房环境监控系统的主要控制芯片为STC12C5A60S2单片机，通过温湿度传感器、甲醛传感器、二氧化碳传感器、激光粉尘传感器、声音采集传感器和光照传感器采集儿童房内的环境数据，并通过Wi-Fi无线模块传送到上位机端，在上位机端软件界面上实时显示传感器数据，对传感器数据进行曲线显示。当传感器数据超过预设的阈值时，系统控制蜂鸣器进行报警，根据具体参数对加湿器和风扇进行合理调控。同时，家长可通过上位机界面的功能按键改变传感器数据的阈值，也可以手动控制蜂鸣器、加湿器和排风风扇等模块的启动。系统思维导图如图5-1所示，系统总体设计框如图5-2所示。

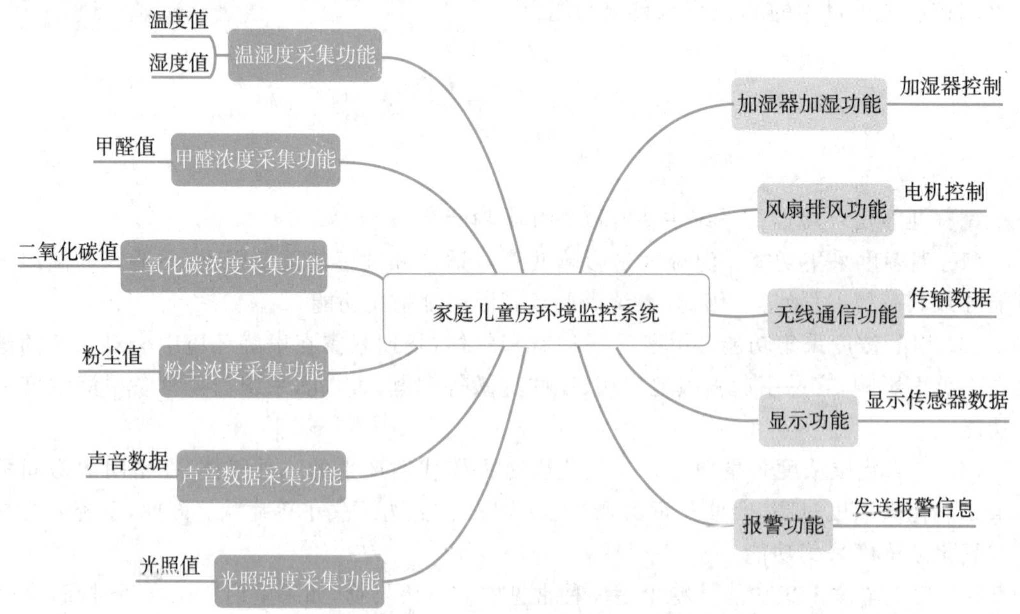

图5-1 家庭儿童房环境监控系统思维导图

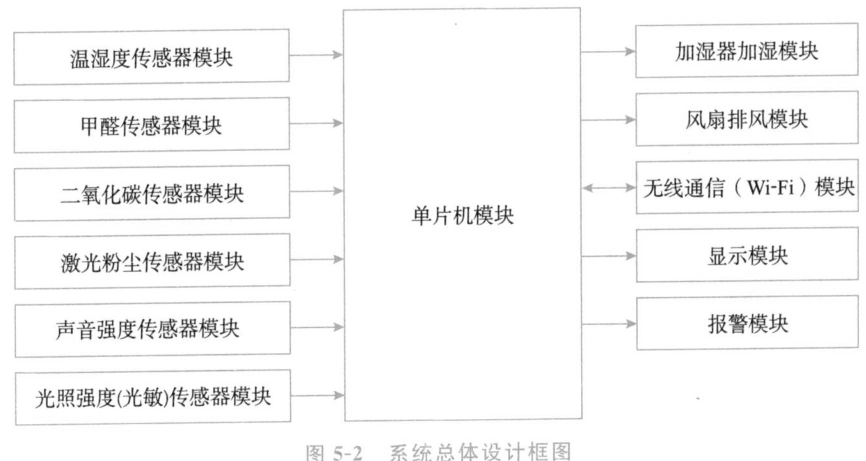

图 5-2 系统总体设计框图

5.4 硬件模块详细设计

系统的硬件模块分为单片机模块、传感器模块、设备控制模块、显示模块、无线通信(Wi-Fi)模块、报警模块。单片机电路包括芯片电路、复位电路和时钟晶振电路等。传感器模块包括温湿度传感器模块、甲醛传感器模块、二氧化碳传感器模块、激光粉尘传感器模块、声音强度传感器模块和光照强度(光敏)传感器模块。控制模块包括加湿器加湿模块和风扇排风模块。硬件显示模块是 LCD1602 液晶显示屏模块。无线通信(Wi-Fi)模块是 Wi-Fi 无线数据传输模块。报警模块是蜂鸣器报警模块。

1. 单片机模块接口设计

单片机模块采用的是宏晶科技的 STC12C5A60S2 单片机。STC12 是单时钟周期型单片机，相同时钟晶振下的工作速度是普通 51 单片机的 8 倍以上，抗静电干扰能力强，稳定性高。其最小系统包括时钟晶振电路和手动按钮复位电路，时钟晶振电路采用的是内部振荡方式，复位电路采用手动按钮复位的方式，复位按钮与 VCC 电源相连接，当按钮被按下时，复位引脚从低电平到高电平变化，从而实现复位。单片机模块电路图如图 5-3 所示。

2. 温湿度传感器模块接口设计

DHT11 是一款有已校准数字信号输出的温湿度传感器。其各参数的精度如下：湿度 ±5%RH，温度±2℃，量程湿度 5%～95%RH，温度－20～＋60℃。采用单总线的方式输出，该模块包含 VCC、DATA 和 GND 三个引脚，VCC 接 5V，GND 接地，DATA 数据引脚与 STC12C5A60S2 单片机的 P3.7 口直接相连并进行温湿度数据的传输。它应用专用的数字模块采集技术和温湿度传感技术，确保产品具有极高的可靠性与长期的稳定性。传感器包括一个电容式感湿元件和一个负温度系数热敏电阻测温元件，并与一个高性能 8 位单片机相连接。温湿度传感器模块电路图如图 5-4 所示。

3. 甲醛传感器模块接口设计

MS1100 具有极高的灵敏度和稳定性，能够侦测浓度为 0.1×10^{-6} 以上的气体，适用于检测空气中的甲醛、苯、二甲苯等多种有机挥发成分，体积小巧，价格低廉，采集速度快。采

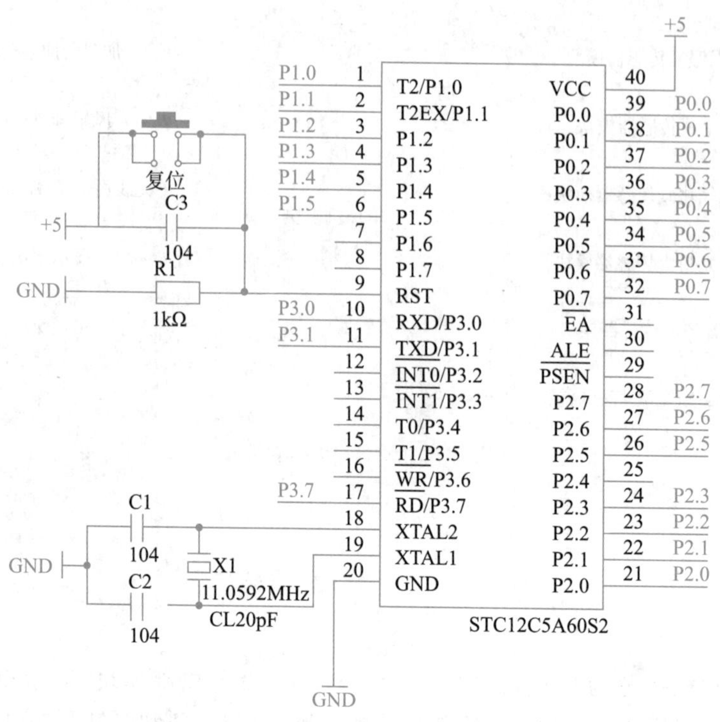

图 5-3 单片机模块电路图(由 Protel 软件绘制)

用 A/D 转换的方式进行读取,该模块包含 VCC、AOUT、DOUT 和 GND 四个引脚,VCC 接 5V,GND 接地,数据引脚 AOUT 与 STC12C5A60S2 单片机的 P1.0 口直接相连并进行甲醛数据的读取。甲醛传感器模块电路图如图 5-5 所示。

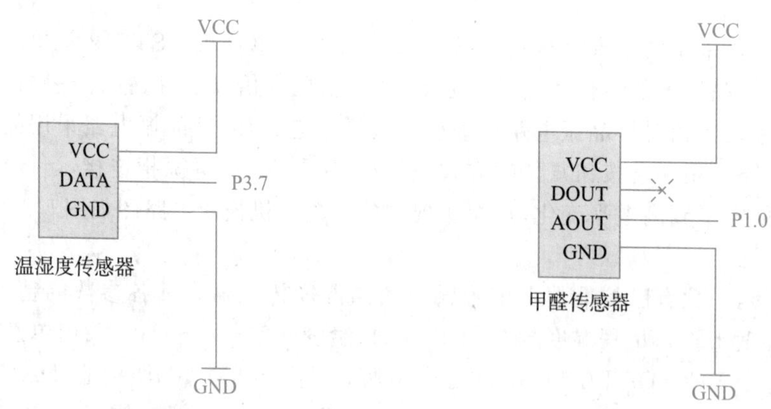

图 5-4 温湿度传感器模块电路图(由 Protel 软件绘制)

图 5-5 甲醛传感器模块电路图(由 Protel 软件绘制)

4. 二氧化碳传感器模块接口设计

该模块采用 A/D 转换方式进行读取,包含 VCC、AOUT、DOUT 和 GND 四个引脚,VCC 接 5V,GND 接地,数据引脚 AOUT 与 STC12C5A60S2 单片机的 P1.1 口直接相连并进行二氧化碳数据的读取。二氧化碳传感器模块电路图如图 5-6 所示。

5. 激光粉尘传感器模块接口设计

CJ-3 激光粉尘传感器模块可实时检测当前颗粒物的浓度，可测试颗粒物的范围为 0.3～10μm，能提供多种不同的数字输出接口，具有开机自校准功能。该传感器由一个激光发射模组和一个光线检测镜头组成，内置直流风扇提供稳定的气流，采用长寿命激光光源，具有良好的一致性和稳定性。CJ-3 激光粉尘传感器采用串口通信的方式进行读取，该模块包含 VCC、GND、RXD、TXD 四个引脚，VCC 接 5V，GND 接地，数据引脚 RXD 与 STC12C5A60S2 单片机的 P1.3 口连接，数据引脚 TXD 与 STC12C5A60S2 单片机的 P1.2 口连接并进行粉尘数据的读取。激光粉尘传感器模块电路图如图 5-7 所示。

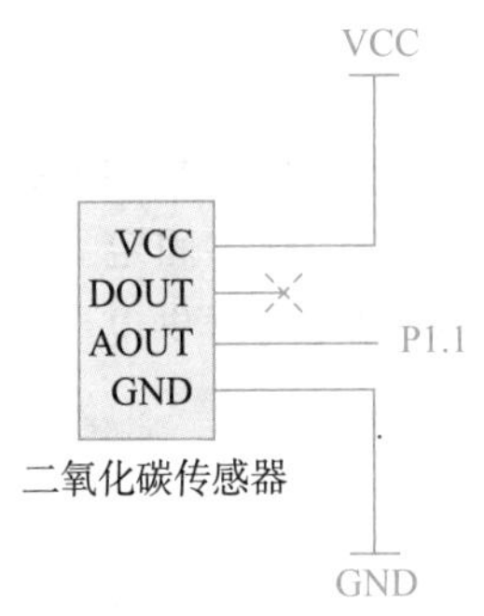

图 5-6 二氧化碳传感器模块电路图
（由 Protel 软件绘制）

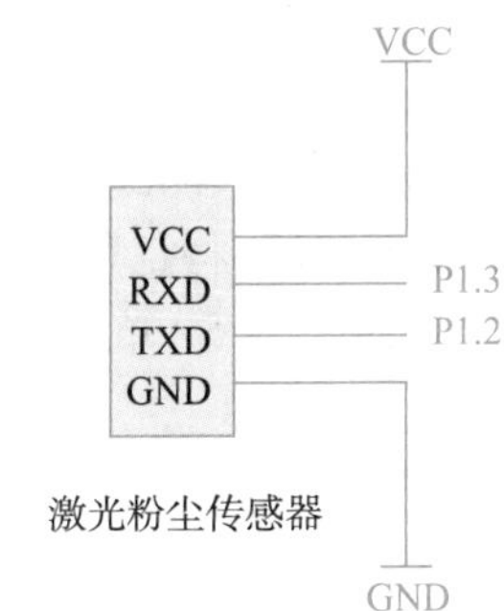

图 5-7 激光粉尘传感器模块电路图
（由 Protel 软件绘制）

6. 声音传感器模块接口设计

声音传感器模块采用 A/D 转换的方式进行读取，包含 VCC、AO、DO 和 GND 四个引脚，VCC 接 5V，GND 接地，数据引脚 AO 与 STC12C5A60S2 单片机的 P1.4 口直接相连并进行声音数据的读取。它具有 3mm 的安装螺钉孔，使用 5V 直流电源供电，有模拟量输出和阈值翻转电平输出，灵敏度高，有电源指示灯。声音传感器模块电路图如图 5-8 所示。

7. 光敏传感器模块接口设计

该模块采用 A/D 转换的方式进行读取，包含 VCC、AO、DO 和 GND 四个引脚，VCC 接 5V，GND 接地，数据引脚 AO 与 STC12C5A60S2 单片机的 P1.5 口直接相连并进行光照度数据的读取。光敏传感器模块电路图如图 5-9 所示。

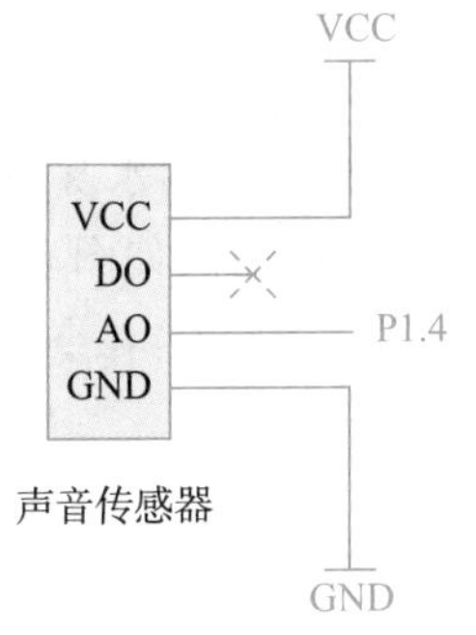

图 5-8 声音传感器模块电路图
（由 Protel 软件绘制）

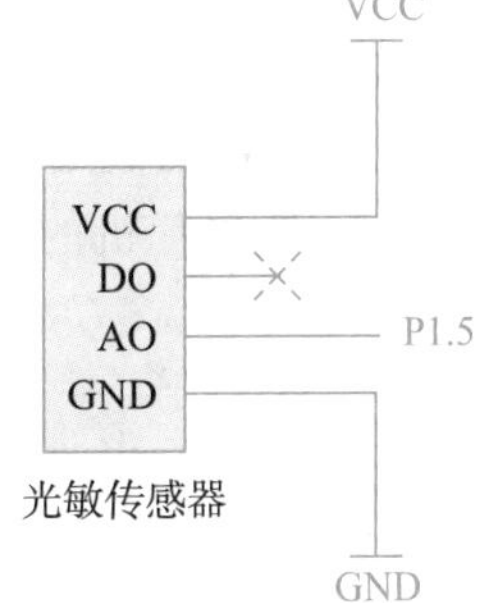

图 5-9 光敏传感器模块电路图
（由 Protel 软件绘制）

8. 显示模块接口设计

LCD1602 液晶显示器可以显示儿童房环境的多个传感器数据，该模块可以显示两行数据，每行显示 16 个符号、字母或数字。LCD1602 液晶显示器在执行程序指令之前要进行模块标志位的忙信号，只有当它的忙信号标志位为低电平时才可以执行指令。液晶显示器的原理是利用液晶的物理特性，通过电压对其显示区域进行控制，有电就有显示，这样即可以显示出图形。可以用 RT 表示电位器(也就是滑动变阻器)，通过旋转这个电位器可以调节液晶背光亮度。该模块的 RS、RW、E 分别连接 STC12C5A60S2 单片机的 P2.7、P2.6、P2.5 口，该模块的 8 位数据口与 STC12C5A60S2 单片机的 P0 口相连。显示模块电路图如图 5-10 所示。

9. 报警模块接口设计

有源蜂鸣器是一种一体化结构的电子讯响器，可将电信号转换为声音信号，采用直流电压供电，内部自带振荡源，将正负极接上直流电压即可持续发声，频率固定。蜂鸣器模块的控制引脚与 STC12C5A60S2 单片机的 P2.1 口相连接，VCC 为蜂鸣器供电。报警模块电路图如图 5-11 所示。

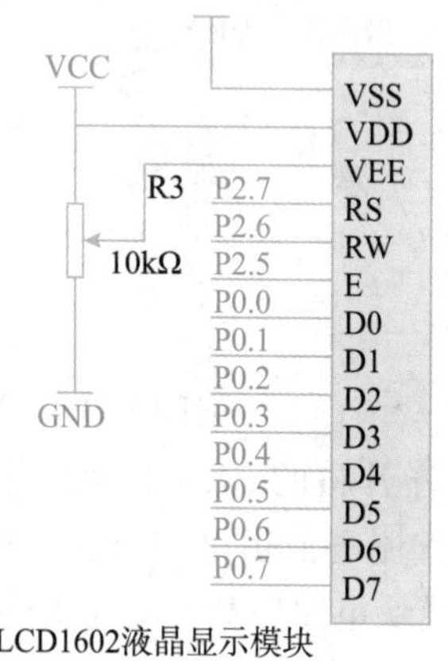

图 5-10 LCD1602 液晶显示模块电路图（由 Protel 软件绘制）

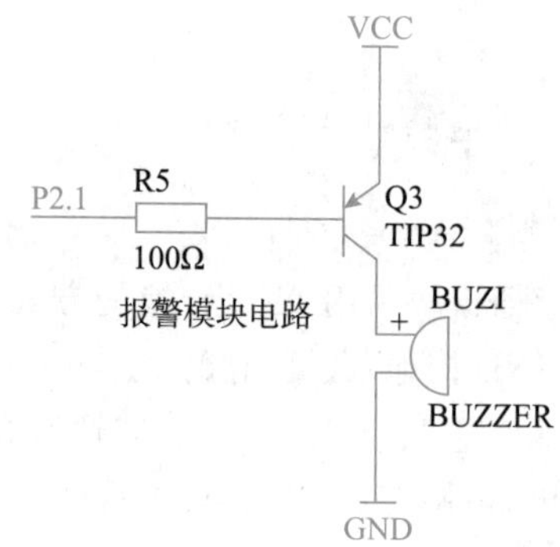

图 5-11 报警模块电路图（由 Protel 软件绘制）

10. 加湿模块接口设计

加湿模块选择的是雾化装置，具有驱动电压低、功率小、阻抗低、波形稳定和转换效率高的特点，雾化驱动电路需要稳定的 5V 电压，以保证雾化效果的稳定性，电流为 300mA，频率为 110kHz，功率为 2W，通过超声波振荡将水分子振荡成超微小的水雾，加湿模块的控制引脚与 STC12C5A60S2 单片机的 P2.2 口相连接。加湿模块电路图如图 5-12 所示。

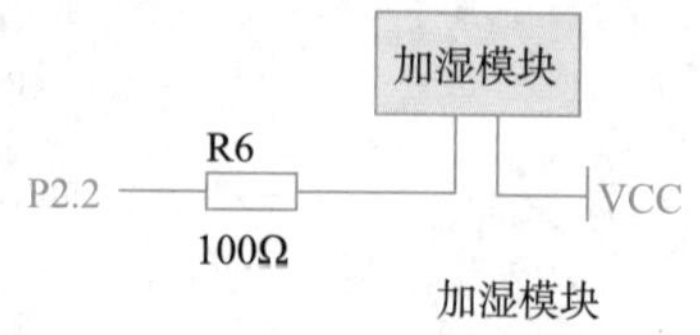

图 5-12 加湿模块电路图（由 Protel 软件绘制）

11. 风扇模块接口设计

风扇模块采用继电器模块进行控制，采用5V电压供电，风扇继电器模块的控制引脚与STC12C5A60S2单片机的P2.3口相连接。风扇模块电路图如图5-13所示。

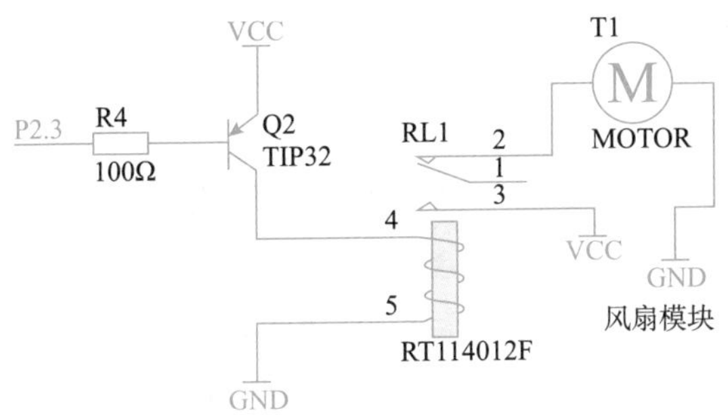

图5-13　风扇模块电路图(由Protel软件绘制)

12. 无线通信模块接口设计

无线通信模块选用的是8266 TTL-Wi-Fi模块，该模块主要实现串口数据与Wi-Fi数据的传输。该Wi-Fi模块由六个引脚组成，分别为EN、VCC、GND、RXD、TXD和STATE，其接线方式为：EN和STATE引脚为空脚，RXD、TXD分别接单片机的P3.1口和P3.0口。Wi-Fi模块电路图如图5-14所示。

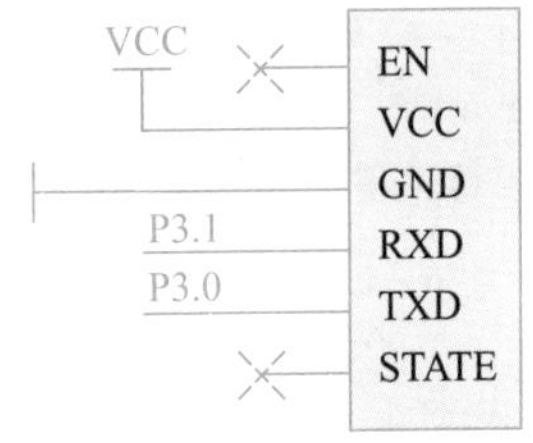

图5-14　Wi-Fi模块电路图(由Protel软件绘制)

5.5　软件模块详细设计

下位机软件模块主要包括温湿度传感器模块、甲醛传感器模块、二氧化碳传感器模块、粉尘传感器模块、声音传感器模块、光敏传感器模块和显示模块。由传感器实时检测家庭儿童房环境数据，将检测到的数据传输给STC12C5A60S2单片机，处理之后显示在LCD1602显示器上，将采集到的数据通过Wi-Fi上传到上位机端。上位机软件在主界面上实时显示数据信息，同时可通过主界面的按钮控制相关设备，对室内环境数据进行实时监控。

5.5.1　温湿度传感器模块程序设计

首先对系统进行初始化，初始化成功后，发出读取温湿度命令，通过数据转换获取温湿度传感器数据。然后将数据与所设置的温湿度阈值进行对比，判断温度是否在阈值之内，如果低于阈值则启动加热；如果高于阈值则启动制冷，实现对环境中温湿度的控制。最后与湿度进行比较，如果低于阈值则启动加湿；如果高于阈值则启动除湿，并且将当前的温湿度数据显示在上位机端。温湿度传感器模块程序流程图如图 5-15 所示。

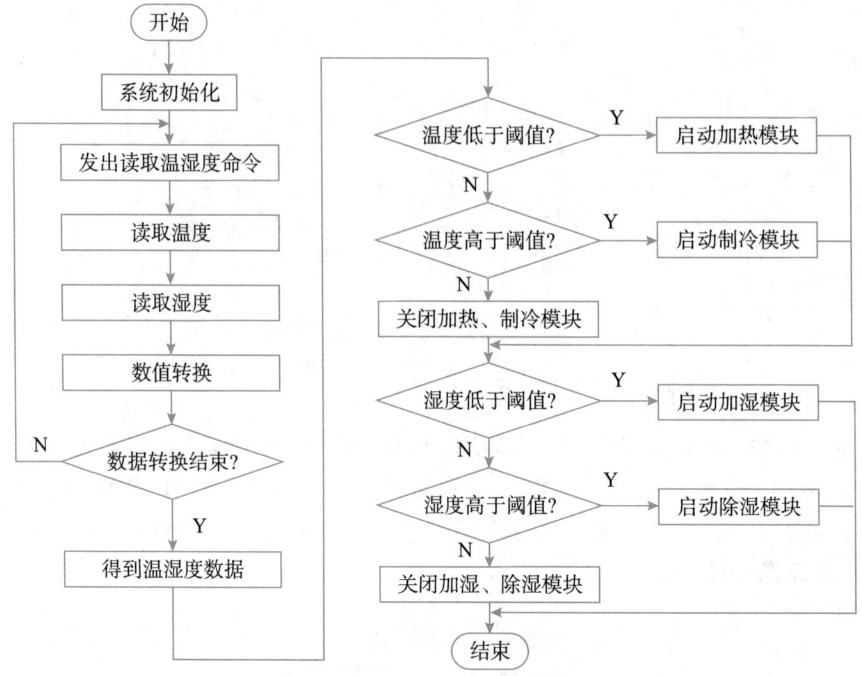

图 5-15 温湿度传感器模块程序流程图

主要代码如下：

```
rh(rhdata);                              //调用温湿度读取函数
wendu_data = rhdata[2];                  //获得温度数据
shidu_data = rhdata[0];                  //获得湿度数据
if(wendu_data > wendu_max)               //温度高于阈值,制冷开
{
    led1_jiare = 1;
    led2_zhileng = 0;
}
else if(wendu_data < wendu_min)          //温度低于阈值,加热开
{   led1_jiare = 0;
    led2_zhileng = 1;
}
else
{   led1_jiare = 1;
    led2_zhileng = 1;
}
if(shidu_data > shidu_max)               //湿度高于阈值,除湿开
{   led3_chushi = 0;
    jiashi = 1;
}
```

```
else if(shidu_data < shidu_min)                    //湿度低于阈值,加湿开
{    led3_chushi = 1;
     jiashi = 0;
}
else
{    led3_chushi = 1;
     jiashi = 1;
}
```

5.5.2 甲醛传感器模块程序设计

首先对甲醛传感器模块进行初始化,单片机选择 ADC0 通道读取甲醛浓度数据,通过单片机的 ADC0 通道将甲醛传感器检测到的甲醛浓度模拟量转换为数字信号,并将此数值在单片机内部与甲醛阈值进行比较,如果超过阈值,则说明甲醛浓度过高,应控制启动风扇模块,进行排风处理,直到环境数据在阈值之内,并且将当前的甲醛浓度数据显示在 LCD1602 显示器上。甲醛传感器模块程序流程图如图 5-16 所示。

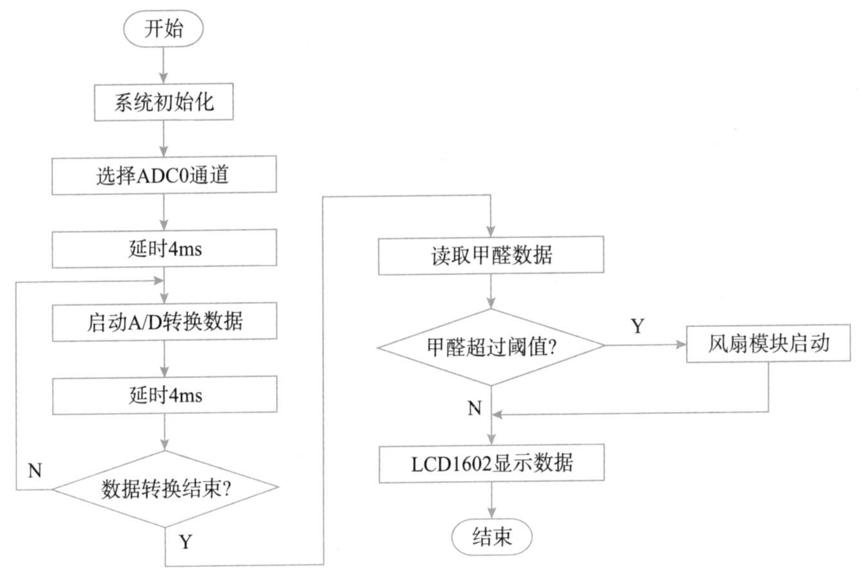

图 5-16 甲醛传感器模块程序流程图

主要代码如下:

```
jiaquan_data = getadcresult(0);                    //获取 ADC 通道 0 的甲醛浓度数据
if(jiaquan_data > jiaquan_max)                     //判断甲醛浓度数据是否超过阈值
{
    fengshan = 0;                                  //风扇打开
}
else
{
    fengshan = 1;                                  //风扇关闭
}
```

5.5.3 二氧化碳传感器模块程序设计

二氧化碳传感器模块采用型号为 RBY-CO_2 的传感器，单片机采用 A/D 转换方式读取二氧化碳采集数据。选择 ADC1 通道，并延时 4ms，将二氧化碳传感器检测到的二氧化碳模拟信号转换为数字信号。将转换完成的二氧化碳浓度数值与二氧化碳预设阈值进行比较。如果获取的二氧化碳浓度数值超过预设的范围，则说明二氧化碳浓度过高，应控制启动风扇模块。并且将当前的二氧化碳浓度数值显示在 LCD1602 显示器上。二氧化碳传感器模块程序流程图如图 5-17 所示。

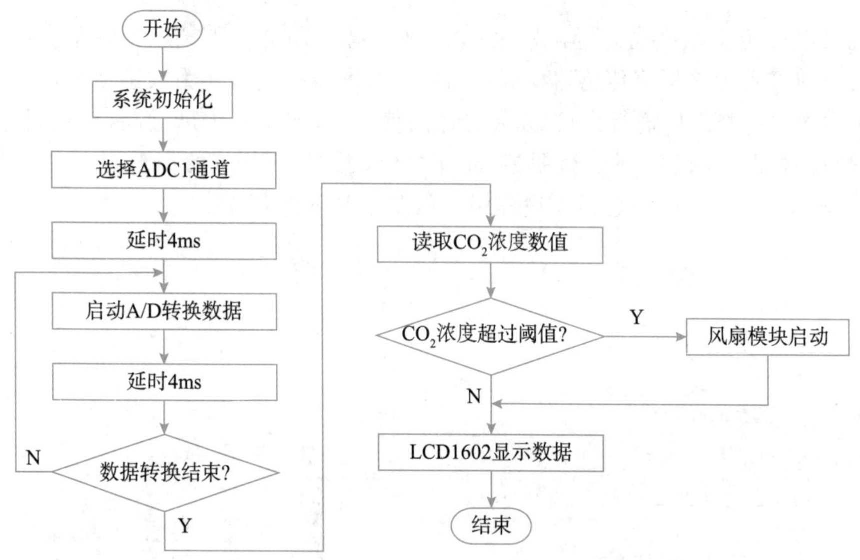

图 5-17 二氧化碳传感器模块程序流程图

主要代码如下：

```
co2_data = getadcresult(1);             //获取 ADC 通道 1 的二氧化碳浓度数值
if(co2_data > co2_max)                  //判断二氧化碳浓度数值是否超过阈值
{
    fengshan = 0;                       //风扇打开
}
else
{
    fengshan = 1;                       //风扇关闭
}
```

5.5.4 激光粉尘传感器模块程序设计

激光粉尘传感器模块采用型号为 CJ-3 的粉尘传感器，利用串口方式与单片机进行通信，经传感器检测得到的 PM2.5 数值在单片机控制下转换成 LCD1602 显示的数值，再通过程序将此数值与预先设定的 PM2.5 阈值进行比较，如果 PM2.5 过高，则控制启动风扇模块，并进行排风处理。将当前的粉尘浓度数据显示在 LCD1602 显示器上。激光粉尘传感器模块程序流程图如图 5-18 所示。

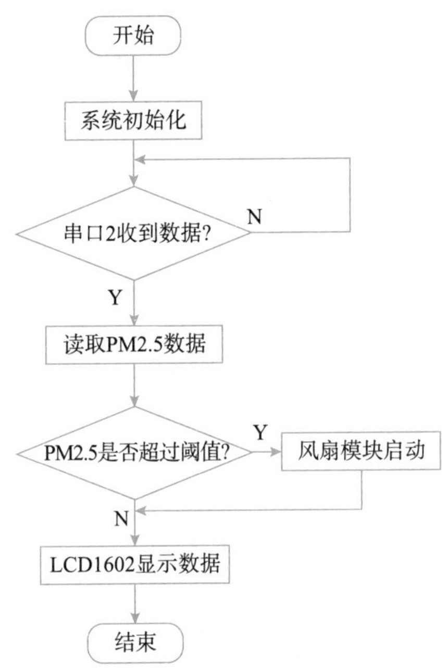

图 5-18 激光粉尘传感器模块程序流程图

主要代码如下：

```
pm_data = bufrecv_s2[6] * 255 + bufrecv_s2[7];            //获取粉尘数据
if(pm_data > pm_max)                                       //判断粉尘数据是否超过阈值
{
    fengshan = 0;
}                                                          //风扇打开
else
{
    fengshan = 1;                                          //风扇关闭
}
```

5.5.5 声音传感器模块程序设计

声音传感器模块采用高感度麦克风传感器。单片机采用 A/D 转换方式读取声音数据，通过单片机的 ADC4 通道将声音传感器检测到的声音模拟量转换为数字信号，并将此数值在单片机内部与声音预设的阈值进行比较，如果超过预设的范围，则说明声音过高，应启动蜂鸣器模块进行提醒，并且将当前的声音数据显示在 LCD1602 显示器上。声音传感器模块程序流程图如图 5-19 所示。

主要代码如下：

```
yuying_data = getadcresult(4);                             //获取 ADC 通道 4 的声音数据
if(yuying_data > yuying_max)                               //判断声音数据是否超过阈值
{   sounder = 0;   }                                       //蜂鸣器打开
else
{   sounder = 1;   }                                       //蜂鸣器关闭
```

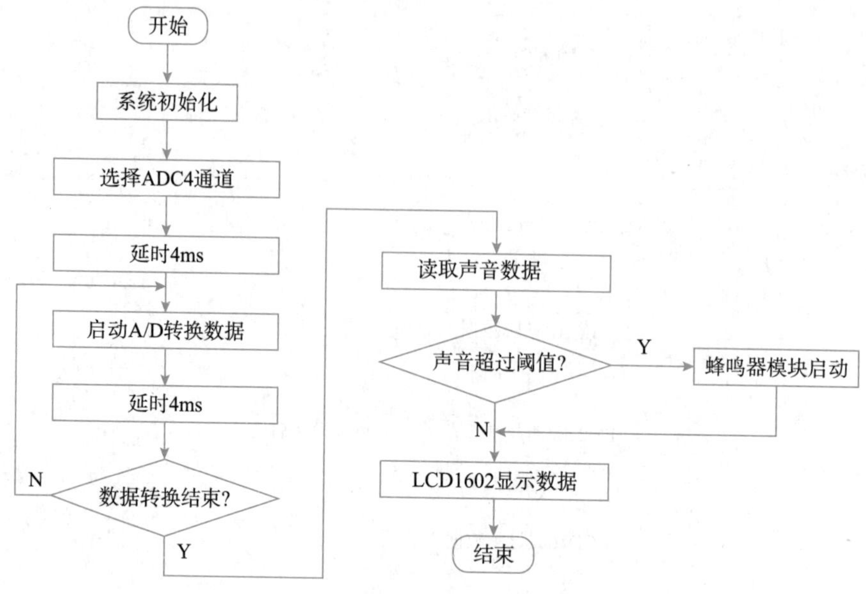

图 5-19 声音传感器模块程序流程图

5.5.6 光敏传感器模块程序设计

光敏传感器模块采用型号为四线制的光敏电阻传感器。首先进行初始化，初始化完成后，单片机采用 A/D 转换方式读取光照度数据，通过单片机的 ADC5 通道将光敏传感器检测到的光照度模拟量转换为数字信号，并将此数值在单片机内部与光照度预设值进行比较，如果超过预设的范围，则说明光照度过低，应启动补光灯模块，并且将当前的光照度数据显示在 LCD1602 显示器上。光敏传感器模块程序流程图如图 5-20 所示。

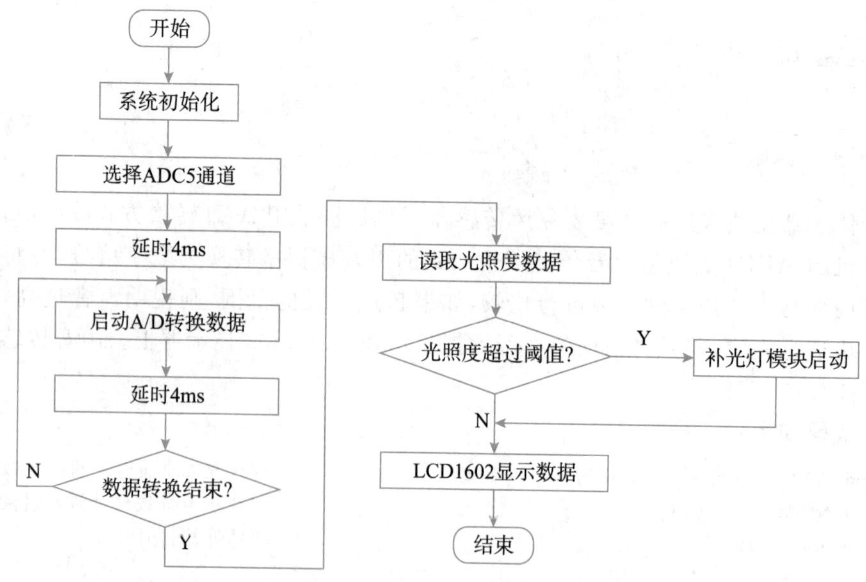

图 5-20 光敏传感器模块程序流程图

主要代码如下：

```
if(getadcresult(5)< 255)                    //获取 ADC 通道 5 的声音数据
    light_data = 255 - getadcresult(5);
else
{
    light_data = 0;
}
if(light_data < light_min)                  //判断光照度数据是否超过阈值
{
    led4_buguang = 0;                       //补光灯打开
}
else
{
    led4_buguang = 1;                       //补光灯关闭
}
```

5.5.7　显示模块程序设计

显示模块采用的型号为 LCD1206。LCD1206 显示模块无须片选信号，可以简化程序设计，将传感器采集到的家庭儿童房环境中的温湿度、PM2.5、甲醛、二氧化碳、噪声和光照度信息进行显示。对 LCD1206 进行初始化，并将需要显示的数据输入，执行显示命令，即可在 LCD1206 显示器上显示系统各个传感器采集的数据。显示模块程序流程图如图5-21所示。

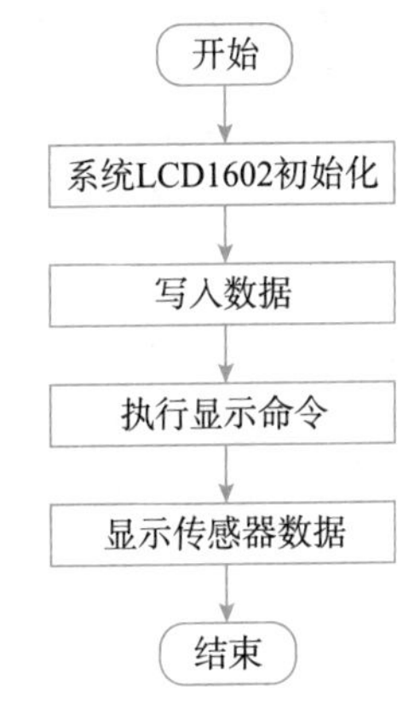

图 5-21　显示模块程序流程图

主要代码如下：

```
lcdinit();                                  //LCD1602 初始化
if(flag_lcd = = 0)
{  lcdwritecom(0x01);                       //清屏
   lcddisplay(wendu_data,shidu_data,pm_data);
   flag_lcd = 1;  }
else
{  lcdwritecom(0x01);                       //清屏
   lcddisplay2(jiaquan_data, co2_data,yuying_data,light_data);
   flag_lcd = 0;
}
```

5.5.8　单片机 C 语言主程序

```
#include "intrins.h"
#include "dht11.h"
#include "lcd.h"
sbit led1_jiare = p2^0;
sbit led2_zhileng = p2^1;
sbit led3_chushi = p2^2;
sbit led4_buguang = p2^4;
```

```
sbit sounder = p2^3;
sbit fengshan = p3^2;
sbit jiashi = p3^3;
bit busy;
void sendstring(char * s);
unsigned char bufsends2[9] = {0};
void senddatas2(unsigned char s[],unsigned char len);
unsigned char  datasendpreprocesss2(void);
unsigned char rhdata[5] = {"rs232"};                     //定义温湿度
typedef unsigned char byte;
typedef unsigned int word;
#define fosc 110592001
#define baud 9600
#define none_parity    0
#define odd_parity     1
#define even_parity    2
#define mark_parity    3
#define space_parity   4
#define paritybit even_parity
sfr auxr = 0x8e;
sfr s2con = 0x9a;
sfr s2buf = 0x9b;
sfr brt = 0x9c;
sfr ie2 = 0xaf;
#define s2ri 0x01
#define s2ti 0x02
#define s2rb8 0x04
#define s2tb8 0x08
char bufsend[29] = {0};
void datasendpreprocess(void);
unsigned char bufrecv_s2[32] = {0},recvlen_s2;
unsigned char bufrecv[5] = {0}, recvlen;
unsigned int time;                                       //时间片
unsigned int wendu_data = 0, shidu_data = 0, pm_data = 0; //温度、湿度、PM2.5 数据
                                                         //甲醛、二氧化碳、语音、光照数据
unsigned int jiaquan_data = 0, co2_data = 0, yuying_data = 0, light_data = 0;
unsigned int wendu_min = 10, wendu_max = 30, shidu_min = 40, shidu_max = 85, pm_max = 500;
                                                         //温度、湿度、PM2.5 阈值设定
                                                         //甲醛、二氧化碳、语音、光照阈值
                                                         //设定
unsigned int jiaquan_max = 100, co2_max = 100, yuying_max = 100, light_min = 150;
unsigned int mode = 0;
                                                         //mode = 0 系统处于自动模式,mode =
                                                         //1 系统处于手动模式
unsigned int flag_lcd = 0;
void datasend(unsigned char ss[],unsigned char len);
void lcddisplay(unsigned char temp1,unsigned char temp2,unsigned char temp3);
void lcddisplay2(unsigned char temp1, unsigned char temp2, unsigned char temp3, unsigned char
        temp4);
void delay(void)
```

```
{
    unsigned char m,n,s;
    for(m = 20;m>0;m - - )
        for(n = 20;n>0;n - - )
            for(s = 248;s>0;s - - );
}
void delay1ms(unsigned int x)
{
    unsigned char i,j;
    while(x - - )
    {
        _nop_();
        i = 11;
        j = 190;
        do
        {
            while( - - j);
        }
        while( - - i);
    }
}
sfr adc_contr  =  0xbc;                 //ADC control register
sfr adc_res  =  0xbd;                   //ADC high 8 - bit result register
sfr adc_low2  =  0xbe;                  //ADC low 2 - bit result register
sfr p1asf  =  0x9d;                     //P1 secondary function control register

#define adc_power 0x80                  //ADC power control bit
#define adc_flag 0x10
#define adc_start 0x08
#define adc_speedll 0x00
#define adc_speedl 0x20
#define adc_speedh 0x40
#define adc_speedhh 0x60
void uartinit(void)
{
    pcon &=  0x7f;
    scon  =  0x50;
    auxr &=  0xfb;
    brt  =  0xfd;
    auxr |=  0x01;
    auxr |=  0x10;
}
void timer0init(void)
{
    auxr &= 0x7f;
    tmod &=  0xf0;
    tmod |= 0x02;
    tl0 = 0x48;
    th0 = 0x48;
```

```
    tf0 = 0;
    tr0 = 1;
}
void uartinits2(void)
{
    auxr &= 0xf7;
    s2con = 0x50;
    auxr &= 0xfb;
    brt = 0xfd;
    auxr |= 0x10;
}
void initadc()
{
    p1asf = 0x33;
    adc_res = 0;
    adc_contr = adc_power|adc_speedll;
    delay1ms(2);
}

unsigned char getadcresult(unsigned char ch)
{
    adc_contr = adc_power | adc_speedll | ch|adc_start;
    _nop_();
    _nop_();
    _nop_();
    _nop_();
    while(!(adc_contr&adc_flag));
    adc_contr &= ~adc_flag;
    return adc_res;
}
void datasendpreprocess(void)
{
    bufsend[0] = 'a';
    bufsend[1] = wendu_data % 1000/100 + '0';
    bufsend[2] = wendu_data % 100/10 + '0';
    bufsend[3] = wendu_data % 10 + '0';
    bufsend[4] = 'b';
    bufsend[5] = shidu_data % 1000/100 + '0';
    bufsend[6] = shidu_data % 100/10 + '0';
    bufsend[7] = shidu_data % 10 + '0';
    bufsend[8] = 'c';
    bufsend[9] = pm_data/1000 + '0';
    bufsend[10] = pm_data % 1000/100 + '0';
    bufsend[11] = pm_data % 100/10 + '0';
    bufsend[12] = pm_data % 10 + '0';
    bufsend[13] = 'd';
    bufsend[14] = jiaquan_data % 1000/100 + '0';
    bufsend[15] = jiaquan_data % 100/10 + '0';
    bufsend[16] = jiaquan_data % 10 + '0';
```

```
    bufsend[17] = 'e';
    bufsend[18] = co2_data % 1000/100 + '0';
    bufsend[19] = co2_data % 100/10 + '0';
    bufsend[20] = co2_data % 10 + '0';
    bufsend[21] = 'f';
    bufsend[22] = yuying_data % 1000/100 + '0';
    bufsend[23] = yuying_data % 100/10 + '0';
    bufsend[24] = yuying_data % 10 + '0';
    bufsend[25] = 'g';
    bufsend[26] = light_data % 1000/100 + '0';
    bufsend[27] = light_data % 100/10 + '0';
    bufsend[28] = light_data % 10 + '0';
}

void datarecvanalysis()
{
    switch(bufrecv[0])
    {
        case 0x41:if(bufrecv[1] = = 0x30)
            {
                mode = 0;
            }
            else if(bufrecv[1] = = 0x31)
            {
                mode = 1;
            }
            break;

        case 0x42:if(bufrecv[1] = = 0x30)
            {
                led1_jiare = 0;
                mode = 1;
            }
            else if(bufrecv[1] = = 0x31)
            {
                led1_jiare = 1;
                mode = 1;
            }
            break;

        case 0x43:if(bufrecv[1] = = 0x30)
            {
                led2_zhileng = 0;
                mode = 1;
            }
            else if(bufrecv[1] = = 0x31)
            {
                led2_zhileng = 1;
                mode = 1;
```

```
    }
    break;

case 0x44:if(bufrecv[1] = = 0x30)
    {
        led3_chushi = 0;
        mode = 1;
    }
    else if(bufrecv[1] = = 0x31)
    {
        led3_chushi = 1;
        mode = 1;
    }
    break;

case 0x45:if(bufrecv[1] = = 0x30)
    {
        led4_buguang = 0;
        mode = 1;
    }
    else if(bufrecv[1] = = 0x31)
    {
        led4_buguang = 1;
        mode = 1;
    }
    break;

case 0x46:if(bufrecv[1] = = 0x30)
    {
        sounder = 0;
        mode = 1;
    }
    else if(bufrecv[1] = = 0x31)
    {
        sounder = 1;
        mode = 1;
    }
    break;

case 0x47:if(bufrecv[1] = = 0x30)
    {
        fengshan = 0;
        mode = 1;
    }
    else if(bufrecv[1] = = 0x31)
    {
        fengshan = 1;
        mode = 1;
    }
```

```
    break;

case 0x48:if(bufrecv[1] = = 0x30)
    {
        jiashi = 0;
        mode = 1;
    }
    else if(bufrecv[1] = = 0x31)            //关加湿
    {
        jiashi = 1;
        mode = 1;
    }
    break;

case 0x49:
    wendu_min = (bufrecv[1] - 0x30) * 10 + (bufrecv[2] - 0x30);
    wendu_max = (bufrecv[3] - 0x30) * 10 + (bufrecv[4] - 0x30);
    break;

case 0x4a:
    shidu_min = (bufrecv[1] - 0x30) * 10 + (bufrecv[2] - 0x30);
    shidu_max = (bufrecv[3] - 0x30) * 10 + (bufrecv[4] - 0x30);
    break;

case 0x4b:
    pm_max = (bufrecv[1] - 0x30) * 1000 + (bufrecv[2] - 0x30) * 100 + (bufrecv[3] -
             0x30) * 10 + (bufrecv[4] - 0x30);
    break;

case 0x4c:
    jiaquan_max = (bufrecv[1] - 0x30) * 1000 + (bufrecv[2] - 0x30) * 100 +
                  (bufrecv[3] - 0x30) * 10 + (bufrecv[4] - 0x30);
    break;

case 0x4d:
    co2_max = (bufrecv[1] - 0x30) * 1000 + (bufrecv[2] - 0x30) * 100 + (bufrecv[3] -
              0x30) * 10 + (bufrecv[4] - 0x30);
    break;

case 0x4e:
    yuying_max = (bufrecv[1] - 0x30) * 1000 + (bufrecv[2] - 0x30) * 100 + (bufrecv[3] -
                 0x30) * 10 + (bufrecv[4] - 0x30);
    break;

case 0x4f:
    light_min = (bufrecv[1] - 0x30) * 1000 + (bufrecv[2] - 0x30) * 100 + (bufrecv[3] -
                0x30) * 10 + (bufrecv[4] - 0x30);
    break;
}
```

```
}
void datasend(unsigned char ss[],unsigned char len)
{
    unsigned char i;
    for(i = 0;i<len;i + + )
    {
        sbuf = ss[i];
        while(ti = = 0);
        ti = 0;
    }
}
void main()
{
    recvlen = 0;
    uartinit();
    uartinits2();
    timer0init();

    initadc();
    lcdinit();
    ie2 = 0x01;
    et0 = 1;
    ti = 0;
    ri = 0;
    es = 1;
    ea = 1;
    led1_jiare = 1;
    led2_zhileng = 1;
    led3_chushi = 1;
    led4_buguang = 1;
    sounder = 1;
    fengshan = 1;
    jiashi = 1;
    while(1)
    {
        if(time = = 20000)
        {
            et0 = 0;
            time = 0;
            rh(rhdata);
            wendu_data = rhdata[2];
            shidu_data = rhdata[0];
            pm_data = bufrecv_s2[6] * 255 + bufrecv_s2[7];
            jiaquan_data = getadcresult(0);
            co2_data = getadcresult(1);
            yuying_data = getadcresult(4);
            if(getadcresult(5)< 255)
                light_data = 255 - getadcresult(5);
            else
```

```
        light_data = 0;
    datasendpreprocess();
    if(mode == 0)
    {
        if(wendu_data > wendu_max)
        {
            led1_jiare = 1;
            led2_zhileng = 0;
        }
        else if(wendu_data < wendu_min)
        {
            led1_jiare = 0;
            led2_zhileng = 1;
        }
        else
        {
            led1_jiare = 1;
            led2_zhileng = 1;
        }

        if(shidu_data > shidu_max)
        {
            led3_chushi = 0;
            jiashi = 1;
        }
        else if(shidu_data < shidu_min)
        {
            led3_chushi = 1;
            jiashi = 0;
        }
        else
        {
            led3_chushi = 1;
            jiashi = 1;
        }

        if ((pm_data > pm_max) || (jiaquan_data > jiaquan_max) || (co2_data > co2_
          max))
        {
            fengshan = 0;
        }
        else
        {
            fengshan = 1;
        }

        if(light_data < light_min)
        {
            led4_buguang = 0;
```

```
                }
                else
                {
                    led4_buguang = 1;
                }

                if(yuying_data > yuying_max)
                {
                    sounder = 0;
                }
                else
                {
                    sounder = 1;
                }
            }

            if(flag_lcd = = 0)
            {
                lcdwritecom(0x01);
                lcddisplay(wendu_data,shidu_data,pm_data);
                flag_lcd = 1;
            }
            else
            {
                lcdwritecom(0x01);
                lcddisplay2(jiaquan_data, co2_data,yuying_data,light_data);
                flag_lcd = 0;
            }
            datasend(bufsend,29);
            et0 = 1;
        }
        if(recvlen! = 0)
        {
            datarecvanalysis();
            recvlen = 0;
        }
    }
}
void t0_isr() interrupt 1 using 1
{
    time + + ;
}
void scomm_isr() interrupt 4 using 2
{
    if(ri = = 1)
    {
        es = 0;
        bufrecv[0] = sbuf;
        ri = 0;
```

```
        if((bufrecv[0]> 0x40)&&(bufrecv[0]<0x50))
        {
            while(ri = = 0);
            bufrecv[1] = sbuf;
            ri = 0;
            while(ri = = 0);
            bufrecv[2] = sbuf;
            ri = 0;
            while(ri = = 0);
            bufrecv[3] = sbuf;
            ri = 0;
            while(ri = = 0);
            bufrecv[4] = sbuf;
            ri = 0;
        }                                   //协议分析第一部分结束
        recvlen = 2;
        es = 1;
    }
}
void uart2() interrupt 8 using 1
{
    unsigned char  j;
    if (s2con & s2ri)
    {
        s2con &= ~s2ri;
        bufrecv_s2[0] = s2buf;
        for(j = 1;j<32;j + + )
        {
                while((s2con & s2ri) = = 0);
                bufrecv_s2[j] = s2buf;
                s2con &= ~s2ri;
        }
    }
    if (s2con & s2ti)
    {
        s2con &= ~s2ti;
        busy = 0;
    }
}
void sendbytes2(byte dat)
{
    while (busy);

    busy = 1;
    s2buf = dat;
}
void senddatas2(unsigned char s[],unsigned char len)
{
    unsigned char i;
```

```
    for(i = 0;i<len;i + + )
        sendbytes2(s[i]);
}
void lcddisplay(unsigned char temp1, unsigned char temp2, unsigned char temp3)
{
    unsigned char dataw[ ] = {0, 0, 0};
    unsigned char datat[ ] = {0, 0, 0};
    unsigned char datap[ ] = {0, 0, 0, 0};
    dataw[0] = temp1 % 1000/100;
    dataw[1] = temp1 % 100/ 10;
    dataw[2] = temp1 % 10;
    lcdwritecom(0x80);
    lcdwritedata('w');
    lcdwritecom(0x81);
    lcdwritedata('e');
    lcdwritecom(0x82);
    lcdwritedata('n');

    lcdwritecom(0x83);
    lcdwritedata(':');
    lcdwritecom(0x84);
    lcdwritedata('0' + dataw[0]);
    lcdwritecom(0x85);
    lcdwritedata('0' + dataw[1]);
    lcdwritecom(0x86);
    lcdwritedata('0' + dataw[2]);
    datat[0] = temp2 % 1000/100;
    datat[1] = temp2 % 100/ 10;
    datat[2] = temp2 % 10;
    lcdwritecom(0x89);
    lcdwritedata('s');
    lcdwritecom(0x8a);
    lcdwritedata('h');
    lcdwritecom(0x8b);
    lcdwritedata('i');
    lcdwritecom(0x8c);
    lcdwritedata(':');
    lcdwritecom(0x8d);
    lcdwritedata('0' + datat[0]);
    lcdwritecom(0x8e);
    lcdwritedata('0' + datat[1]);
    lcdwritecom(0x8f);
    lcdwritedata('0' + datat[2]);
    datap[0] = temp3 % 10000/1000;
    datap[1] = temp3 % 1000/ 100;
    datap[2] = temp3 % 100/ 10;
    datap[3] = temp3 % 10;
    lcdwritecom(0xc0);
    lcdwritedata('p');
```

```
    lcdwritecom(0xc1);
    lcdwritedata('m');
    lcdwritecom(0xc2);
    lcdwritedata('2');
    lcdwritecom(0xc3);
    lcdwritedata('.');
    lcdwritecom(0xc4);
    lcdwritedata('5');
    lcdwritecom(0xc5);
    lcdwritedata(':');
    lcdwritecom(0xc6);
    lcdwritedata('0' + datap[0]);
    lcdwritecom(0xc7);
    lcdwritedata('0' + datap[1]);
    lcdwritecom(0xc8);
    lcdwritedata('0' + datap[2]);
    lcdwritecom(0xc9);
    lcdwritedata('0' + datap[3]);
    if(mode = = 0)
    {
        lcdwritecom(0xcf);
        lcdwritedata('z');
    }
    else
    {
        lcdwritecom(0xcf);
        lcdwritedata('s');
    }
}
void lcddisplay2(unsigned char temp1, unsigned char temp2, unsigned char temp3, unsigned char
                temp4)
{
    unsigned char dataj[ ] = {0, 0, 0};
    unsigned char datac[ ] = {0, 0, 0};
    unsigned char datas[ ] = {0, 0, 0};
    unsigned char datag[ ] = {0, 0, 0};
    dataj[0] = temp1 %1000/100;
    dataj[1] = temp1 % 100/ 10;
    dataj[2] = temp1 % 10;
    lcdwritecom(0x80);
    lcdwritedata('j');
    lcdwritecom(0x81);
    lcdwritedata('i');
    lcdwritecom(0x82);
    lcdwritedata('a');
    lcdwritecom(0x83);
    lcdwritedata(':');
    lcdwritecom(0x84);
    lcdwritedata('0' + dataj[0]);
```

```
lcdwritecom(0x85);
lcdwritedata('0'+ dataj[1]);
lcdwritecom(0x86);
lcdwritedata('0'+ dataj[2]);
datac[0] = temp2 %1000/100;
datac[1] = temp2 % 100/ 10;
datac[2] = temp2 % 10;

lcdwritecom(0x89);
lcdwritedata('c');
lcdwritecom(0x8a);
lcdwritedata('o');
lcdwritecom(0x8b);
lcdwritedata('2');
lcdwritecom(0x8c);
lcdwritedata(':');
lcdwritecom(0x8d);
lcdwritedata('0'+ datac[0]);
lcdwritecom(0x8e);
lcdwritedata('0'+ datac[1]);
lcdwritecom(0x8f);
lcdwritedata('0'+ datac[2]);
datas[0] = temp3 %1000/100;
datas[1] = temp3 % 100/ 10;
datas[2] = temp3 % 10;
lcdwritecom(0xc0);
lcdwritedata('s');
lcdwritecom(0xc1);
lcdwritedata(' ');
lcdwritecom(0xc2);
lcdwritedata('y');
lcdwritecom(0xc3);
lcdwritedata(':');
lcdwritecom(0xc4);
lcdwritedata('0'+ datas[0]);
lcdwritecom(0xc5);
lcdwritedata('0'+ datas[1]);
lcdwritecom(0xc6);
lcdwritedata('0'+ datas[2]);
datag[0] = temp4 %1000/100;
datag[1] = temp4 % 100/ 10;
datag[2] = temp4 % 10;
lcdwritecom(0xc9);
lcdwritedata('g');
lcdwritecom(0xca);
lcdwritedata(' ');
lcdwritecom(0xcb);
```

```
    lcdwritedata('z');
    lcdwritecom(0xcc);
    lcdwritedata(':');
    lcdwritecom(0xcd);
    lcdwritedata('0'+datag[0]);

    lcdwritecom(0xce);
    lcdwritedata('0'+datag[1]);
    lcdwritecom(0xcf);
    lcdwritedata('0'+datag[2]);
}
```

5.6 主要模块功能测试

系统测试对儿童房环境监测系统的主要功能进行测试，包括温湿度传感器模块、甲醛传感器模块、二氧化碳传感器模块、激光粉尘传感器模块、声音强度传感器模块以及光照强度传感器模块。

5.6.1 温湿度传感器模块功能测试

连接电源，指示灯亮起，温湿度传感器采集室内环境数据，在温度不断变低的情况下，当温度低于设定的阈值时，上位机会弹窗报警；当控制模式为自动时，加热模块 LED 灯亮起，表示加热功能正常运行；当环境数据回到阈值内时，关闭加热功能。当湿度低于设定的阈值时，上位机会弹窗报警；当控制模式为自动时，开启加湿器，指示灯亮起表示正常运行；若环境数据回到阈值内，则关闭加湿器。温湿度传感器模块功能测试如图 5-22 和图 5-23 所示。

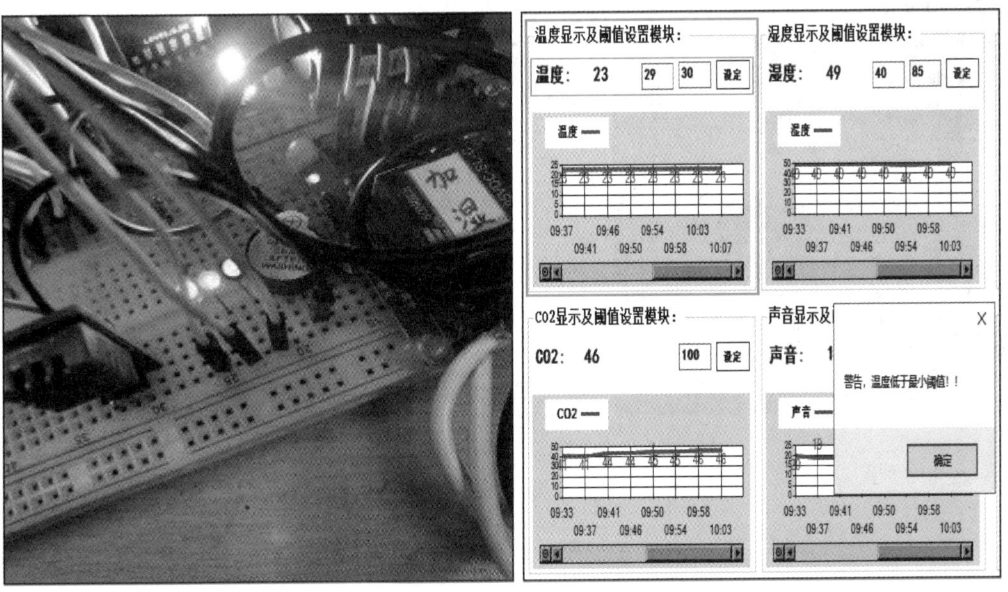

图 5-22 温度传感器模块功能测试图

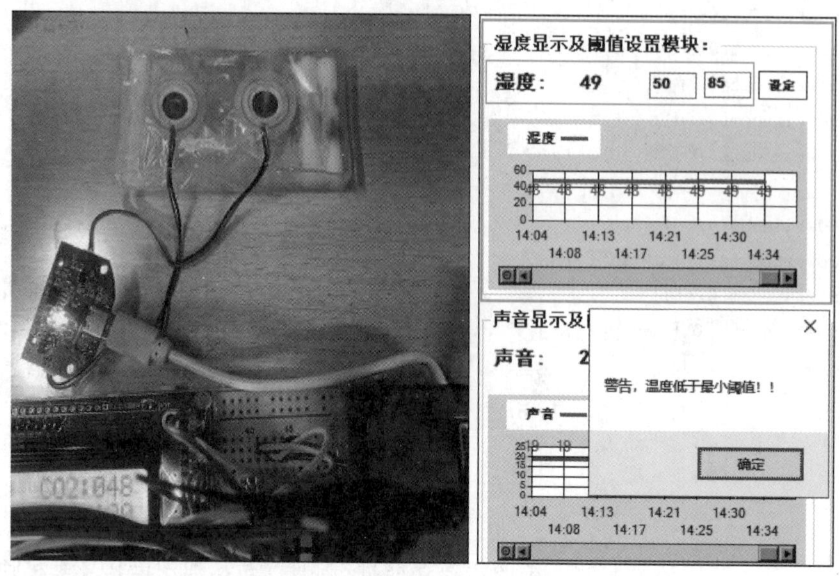

图 5-23 湿度传感器模块功能测试图

5.6.2 激光粉尘传感器模块功能测试

接通电源，指示灯亮起，激光粉尘传感器采集室内环境数据，当施加的粉尘高于设定的阈值时，上位机会显示弹窗提示；当控制模式为自动时，会启动风扇模块，达到排风的效果，表示激光粉尘传感器模块正常运行。若环境数据回到阈值内，则风扇关闭，激光粉尘传感器模块功能测试图如图 5-24 所示。

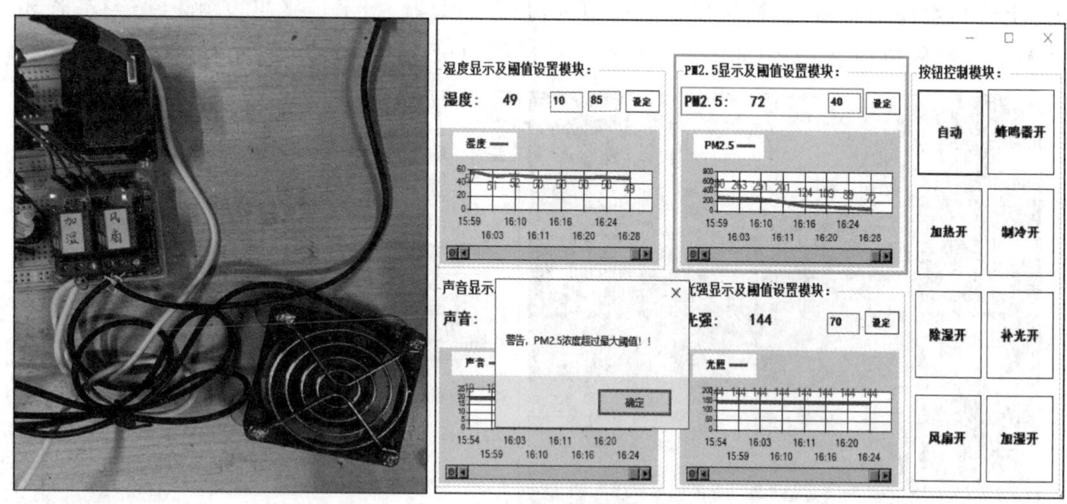

图 5-24 激光粉尘传感器模块功能测试图

5.6.3 甲醛传感器模块功能测试

接通电源，指示灯亮起，甲醛传感器采集室内环境数据，当施加的甲醛高于设定的阈值时，上位机会弹窗报警；当控制模式为自动时，会启动风扇模块，并进行排风处理，表示甲醛采集控制模块功能正常运行。若环境数据回到阈值内，则风扇关闭，甲醛传感器模块功能测试图如图 5-25 所示。

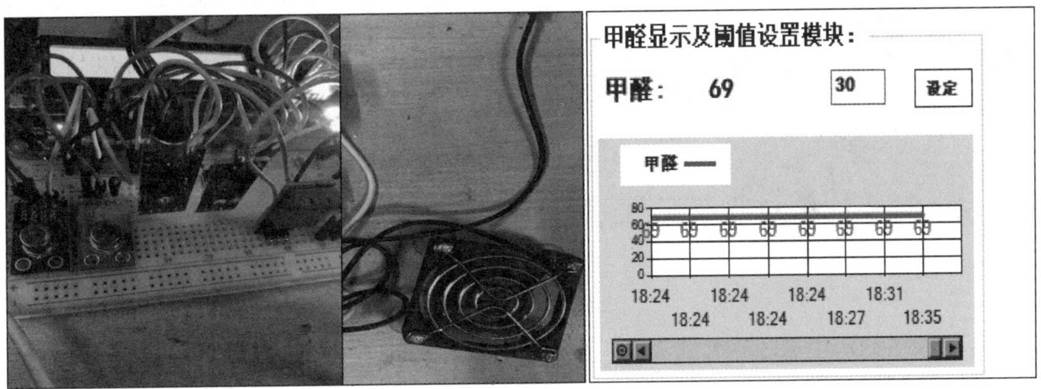

图 5-25 甲醛传感器模块功能测试图

5.6.4 二氧化碳传感器模块功能测试

接通电源，指示灯亮起，二氧化碳传感器采集室内环境数据，当施加的二氧化碳浓度高于设定的阈值时，上位机会弹窗报警；当控制模式为自动时，会启动风扇模块，并进行排风处理，表示二氧化碳采集控制模块功能正常运行。若环境数据回到阈值内，则风扇关闭，二氧化碳传感器模块功能测试图如图 5-26 所示。

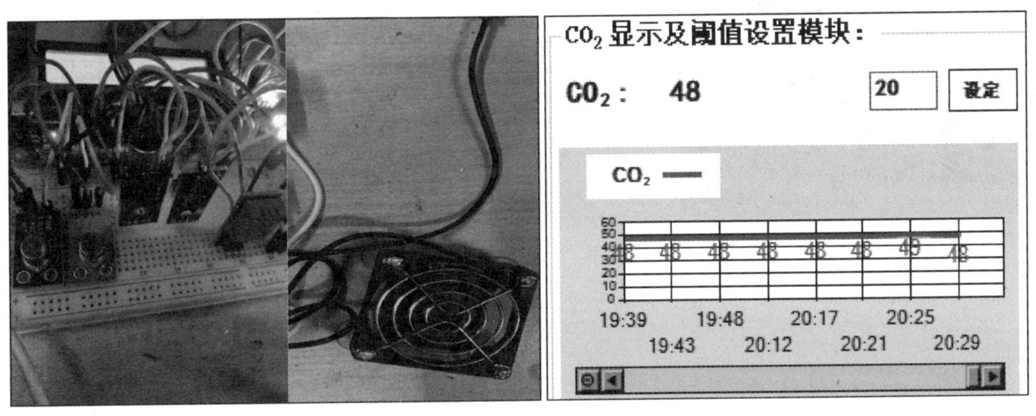

图 5-26 二氧化碳传感器模块功能测试图

5.6.5 声音采集模块功能测试

连接电源，指示灯亮起，高感度麦克风传感器采集室内环境数据，在音量不断增大的情况下，当施加的音量高于设定的阈值时，数据通过单片机传送到上位机，上位机会显示弹窗提示，有源蜂鸣器模块自动进行报警，表示音量采集控制功能正常运行。若环境数据回到阈值内，则报警关闭。声音采集模块功能测试图如图 5-27 所示。

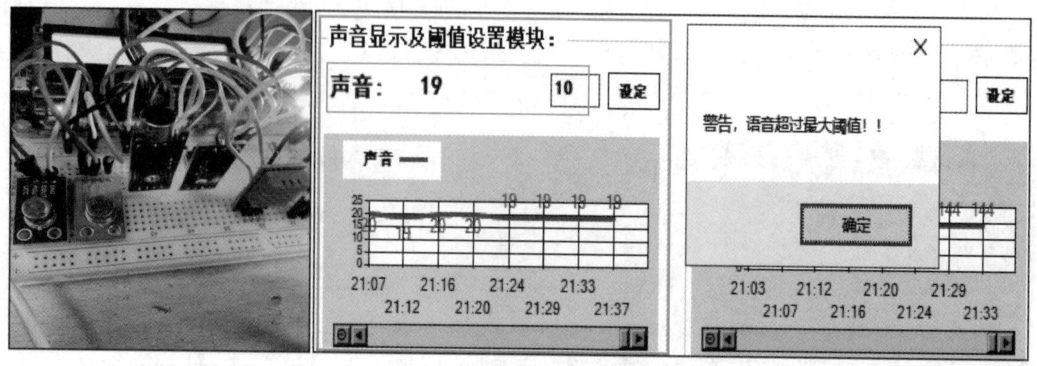

图 5-27　声音采集模块功能测试图

5.6.6　光照采集模块功能测试

接通电源，指示灯亮起，光敏电阻传感器采集室内环境数据，对光照度传感器进行遮光处理，在光照度不断降低的情况下，当施加的光照度低于设定的阈值时，其LED补光灯模块启动；若室内光照度在阈值范围内，则关闭补光灯，表示光照度采集控制功能正常运行。光照采集模块功能测试图如图5-28所示。

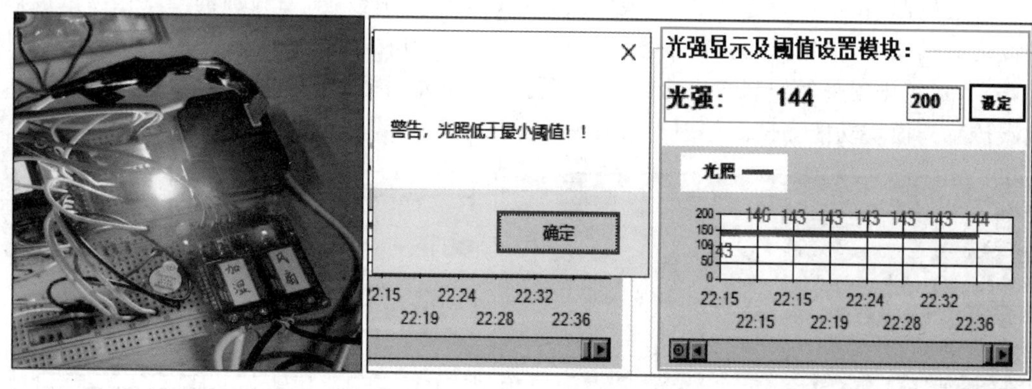

图 5-28　光照采集模块功能测试图

能力测试

1. 新建一个STM32工程，编写C语言程序实现单片机初始化。
2. 为项目添加新串口，编写C语言程序对该串口进行初始化。
3. 修改本项目的工程源代码，设计一个企业车间环境监控系统。

第6章 家庭农场动物自饮水监控系统

【学习目标】

1. 了解饮用水环境信息的基本概念。
2. 了解各种传感器的基本原理。
3. 掌握 STM32 单片机的基本开发流程。
4. 掌握 C 语言读写单片机外设引脚状态的基本方法。
5. 掌握 C 语言读写传感器接口的基本方法。

6.1 设计目的

以家庭农场动物自饮水监控系统为项目案例，让学生深入现实生态环境，了解自然水域饮用水监控的意义，确定监控目标，设计监控系统方案，采购相关模块，搭建开发环境，在第 5 章的基础上独立完成硬件系统的接口连接与调试，编写家庭农场动物自饮水监控系统的 C 程序设计项目代码，提高学生应用所学知识解决实际问题的能力。

6.2 功能需求分析

家庭农场动物自饮水监控系统可以实现水质的监测。采用传感器检测水温、水位、pH 和浑浊度，将检测到的数据通过 Wi-Fi 模块传输到上位机，并在水温不够时进行加温，在水位过低时自动加水。系统主要包含以下功能。

(1) 使用传感器采集饮用水的 pH、浑浊度、温度和水位数据，并将数据发送给单片机。

(2) 使用单片机对传感器获取的数据进行处理，并通过 Wi-Fi 模块发送到上位机。

(3) 上位机显示获取到的水体数据并设置安全阈值。

(4) 当水体数据超出安全阈值时，上位机可以自动报警。同时向下位机发送开启水泵或加热片指令。

(5) 当水体数据回到安全阈值内后，系统自动关闭水泵或加热片。

6.3 总体设计

系统主要实现家庭农场动物自饮水的监控功能。采用传感器检测水温、水位、pH 和浑浊度，将检测到的数据通过 Wi-Fi 模块传输到上位机，并在水温不够时进行加温，在水位过低时自动加水。系统思维导图如图 6-1 所示，系统总体设计框图如图 6-2 所示。

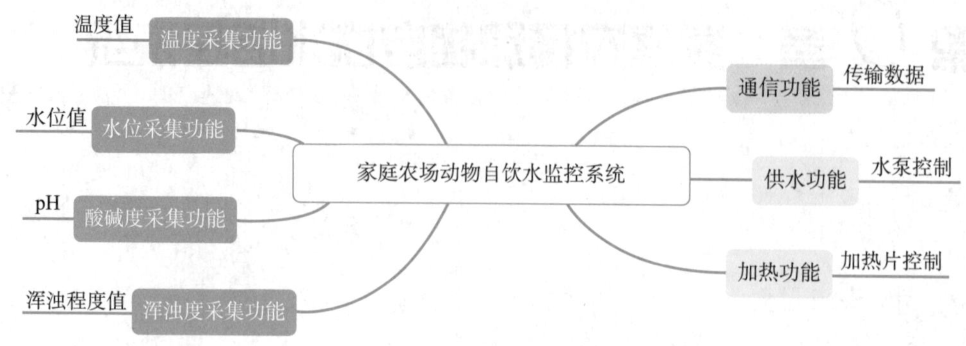

图 6-1　系统思维导图

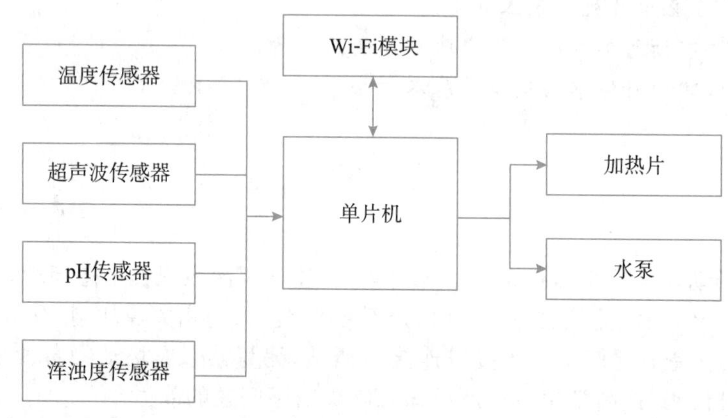

图 6-2　系统总体设计框图

系统主要包含以下六个方面。

(1) 单片机模块：单片机系统包括时钟电路和复位电路。

(2) 水位测量模块：采用超声波模块测量水位值。

(3) pH 测量模块：采用 pH 传感器测量 pH。

(4) 浑浊度测量模块：采用浑浊度传感器测量水浑浊度。传感器可以采用 A/D 转换再送入单片机中进行信号处理。

(5) 水温测量模块：采用温度传感器检测水温。

(6) 无线传输模块：采用 Wi-Fi 模块进行数据的传输。

6.4　硬件模块详细设计

6.4.1　单片机模块接口设计

主控单元采用 STM32 作为主要控制模块进行设计。STM32 是当下应用非常广泛的一种单片机，具有很多优点。一般设计情况下，其引脚资源已经足够大多数的单片机项目开发，同时它有着非常强大的计算处理能力，可以很好地完成不同的计算任务。在这类单片机中，STM32 虽然是一种小型化的单片机，但是已经足够实现系统的设计。

单片机的正常运行离不开最小系统，最小系统是单片机的心脏，没有它，单片机将无法运行。单片机最小系统包括时钟电路和复位电路两个部分。时钟电路主要是给单片机提供稳定的频率信号，供给单片机正常工作；而复位电路在特定情况下，如果需要强制进行复位，就可以通过它来进行重置，单片机接口图如图 6-3 所示。

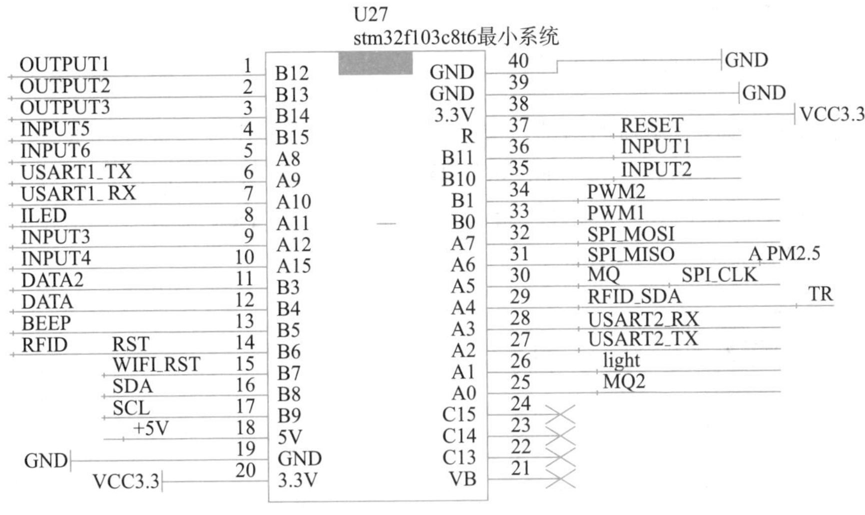

图 6-3　单片机接口图

6.4.2　温度传感器模块接口设计

设计采用 DS18B20 作为温度检测模块，该模块整体性能稳定，检测精度高。DS18B20 温度检测模块是一种较为常见的温度检测设备，其独特的设计使测量数据更加方便。无须特殊设备即可在当前环境下读取温度，少量引脚可用于接收电压、接地和读取信号。DS18B20 的单线总线是一个系统，它根据单线的工作来摆动设备。温度检测模块在适当的时间驱动总线。温度检测电路图如图 6-4 所示。

6.4.3　超声波传感器模块接口设计

使用超声波模块进行水位的检测，使用单片机内部的定时器计算超声波的传输时间。当 ECH0 设置为高时，计时器启动；当它被拉低时，计时器停止。计时器记录的时间是回声高电平 T 的持续时间，最后实现了水位的测量。水位检测电路图如图 6-5 所示。

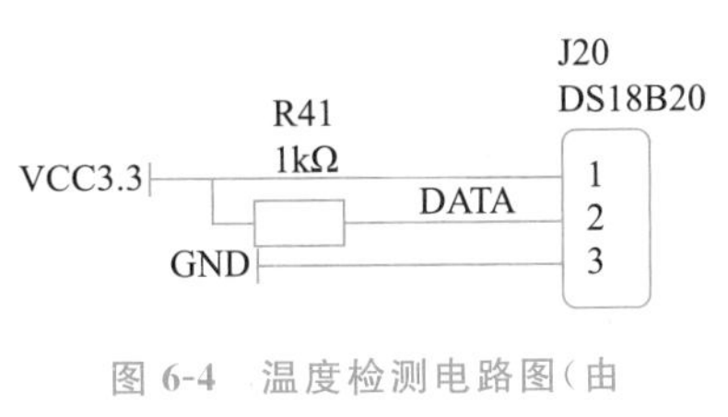

图 6-4　温度检测电路图（由 Protel 软件绘制）

J21
超声波
4 VCC3.3
3 SDA
2 SCL
1 GND

图 6-5　水位检测电路图（由 Protel 软件绘制）

6.4.4 pH传感器模块接口设计

使用pH传感器检测水的酸碱度，pH传感器的核心原理是：利用复合电位采集数据，然后通过内外两侧的电位差输出微弱的电压信号。信号使用功率放大器的集成处理算法电路对数据进行放大和集成，然后将数据发送到D/A转换电路。经过处理后，将数字信息转换为模拟信息，由单片机直接识别。pH检测电路图如图6-6所示。

6.4.5 浑浊度传感器模块接口设计

设计使用的浑浊度传感器的内部是一个红外导管。当光穿过一定量的水时，光的透射量取决于水的浑浊度。水越脏，透射的光越少。光接收端将透射光强转换为相应的电流。透射的光越多，电流越大；相反，透射的光越少，电流越小。浑浊度传感器整体性能稳定，检测精度高。浑浊度检测电路图如图6-7所示。

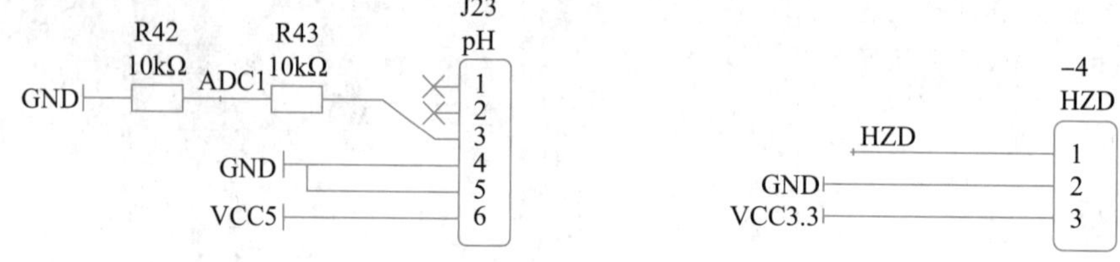

图6-6 pH检测电路图(由Protel软件绘制)　　图6-7 浑浊度检测电路图(由Protel软件绘制)

6.4.6 水泵模块接口设计

水泵模块是一种通过控制信号控制水泵运行的电路模块。它通常由电源、控制电路和电动机三部分组成。水泵模块通过接口与微控制器或其他控制器连接，实现对水泵的控制。可用于水循环、水位控制、空气加湿和冷却等场合。水泵模块具有体积小、功耗低、效率高和使用方便等特点，适用于各种电子设备和工业自动化控制系统，系统使用水泵模块实现缺水补水功能。水泵模块电路图如图6-8所示。

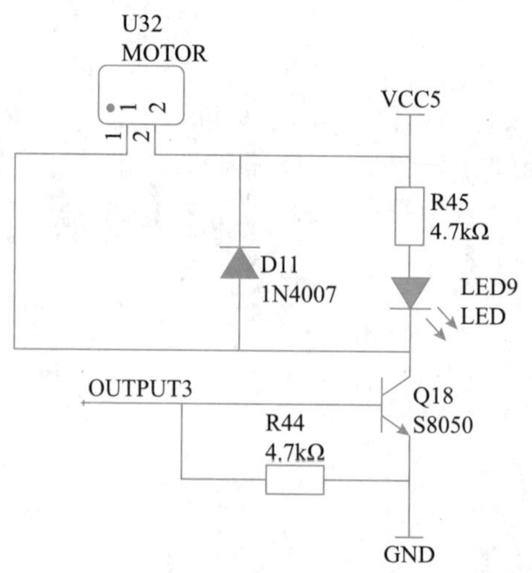

图6-8 水泵模块电路图(由Protel软件绘制)

6.4.7 加热片模块接口设计

加热片模块是一种电热元件,它能够将电能转换为热能,并通过接触物体将热能传递给物体,使其升温。加热片模块通常由加热体、电路板和接线端子组成。它可以通过外部电源或控制信号进行加热和控制温度。系统设计中使用加热片模块对低温饮用水体进行加热。加热片模块电路图如图 6-9 所示。

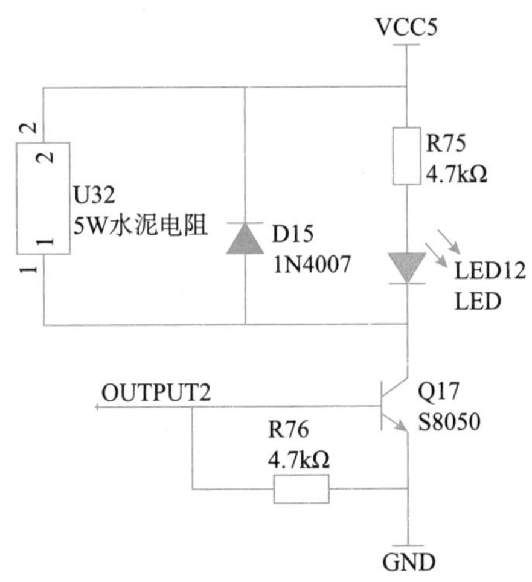

图 6-9 加热片模块电路图(由 Protel 软件绘制)

6.4.8 Wi-Fi 模块接口设计

Wi-Fi 模块用于建立单片机系统和云平台之间的连接。通过该模块可以将单片机检测到的传感器数据发送到云平台中。该部分采用 ESP8266 模块进行设计。它是一种常用的Wi-Fi 模块,设计成本低且操作简单,目前已经广泛应用于工业生产的各个领域。在电路设计上,它相当于一个透传模块。该模块通过 AT 指令和单片机进行通信,然后实现信息的交互。无线通信模块电路图如图 6-10 所示。

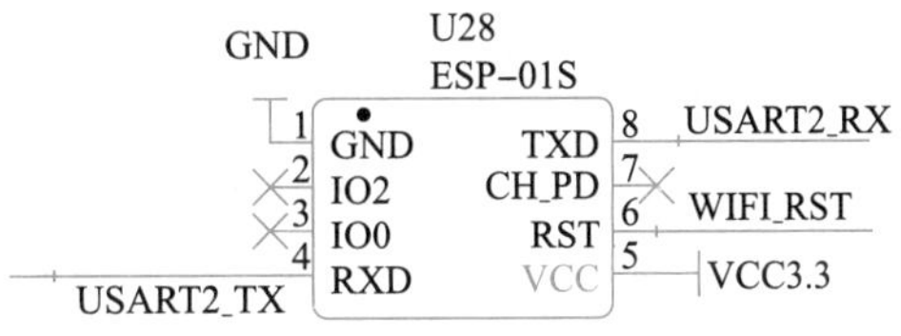

图 6-10 无线通信模块电路图(由 Protel 软件绘制)

6.5 软件模块详细设计

6.5.1 单片机模块程序设计

系统设计是以 STM32 单片机作为主控芯片实现家庭农场动物自饮水监控功能,STM32 单片机的初始化是一个非常重要的过程,对于系统的稳定性、功能完整性、性能优化、开发时间和维护都有着至关重要的作用。初始化时,会对各个外设进行配置和初始化,以确保它们能够按照预期的方式工作。这样可以避免系统出现不可预测的行为,提高系统的稳定性和可靠性。只有对通用型输入/输出(general-purpose input/output,GPIO)、定时器、中断等进行配置和启用,才能够正确地使用这些功能。设置时钟源、时钟分频器等参数,以确保单片机能够按照预期的速度工作。单片机模块初始化流程图如图 6-11 所示。

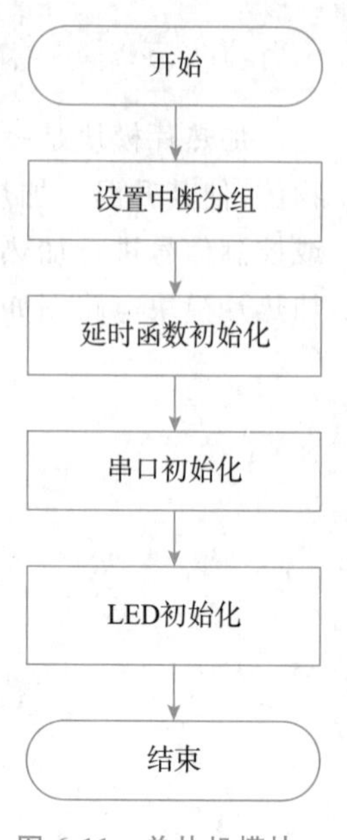

图 6-11 单片机模块初始化流程图

主要代码如下:

```
nvic_prioritygroupconfig(nvic_prioritygroup_4); //设置系统中断分组
delay_init();                                   //延时函数初始化
uart_init(115200);                              //初始化串口
uart2_init(115200);
led_init();                                     //初始化 led
```

6.5.2 温度采集模块程序设计

在读取和计算 DS18B20 传感器测量结果之前,单片机首先给传感器发送一个起始信号;传感器接收到发送指令后,会由原来的低功耗状态转为测量状态,并将获得的温度信息和检验字节发送给单片机。单片机接收到数据后,会核对数据并进行处理,然后上传到云平台。同时判断温度数据是否低于安全阈值,若低于阈值,系统将发出报警并自动打开加热片。温度模块流程图如图 6-12 所示。

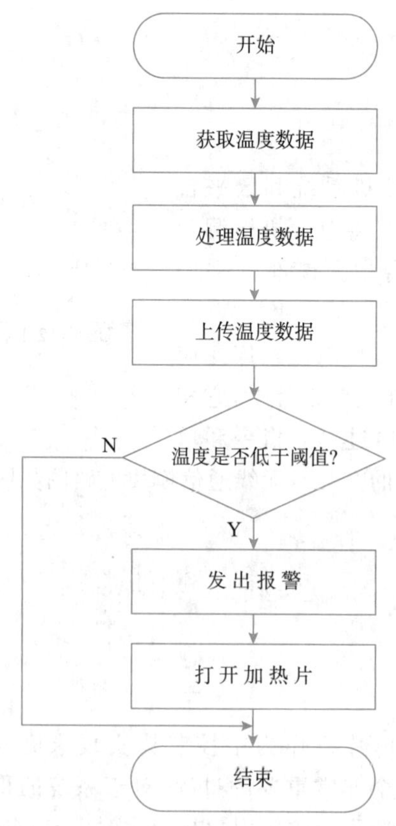

图 6-12 温度模块流程图

主要代码如下：

```
void ds18b20rst(void){                      //复位 DS18B20
  ds18b20io_out();                          //pa0 口设置为输出模式
  ds18b20dq_out = 0;                        //拉低 dq
  delay_μs(750);                            //拉低 750μs
  ds18b20dq_out = 1;                        //dq = 1
  delay_μs(15);                             //15μs
}
```

6.5.3 水位采集模块程序设计

水位由超声波模块检测，获得的数据是模拟量的数据，发送给单片机后，调用单片机的A/D转换寄存器实现数据的转换，数据转换之后再交给执行函数进行分析处理，完成进一步的操作。当水位数据低于设置的安全阈值时，系统自动报警并开启水泵。水位模块流程图如图 6-13 所示。

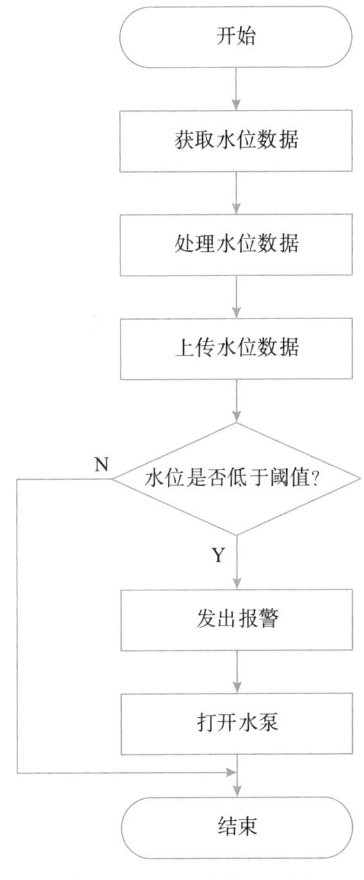

图 6-13 水位模块流程图

主要代码如下：

```
gpio_initstructure.gpio_pin = gpio_pin_15;          //控制超声波测距仪的 trig 引脚
gpio_initstructure.gpio_mode = gpio_mode_out_pp;    //输出高、低电平
```

```
gpio_initstructure.gpio_speed = gpio_speed_50mhz;  //输出速度为 50MHz
gpio_init(gpioa, &gpio_initstructure);
gpio_initstructure.gpio_pin = gpio_pin_12;         //连接 echo 引脚
```

6.5.4 pH 采集模块程序设计

pH 由 pH 模块检测，获得的数据也是模拟量的数据，同样是调用单片机的 A/D 转换寄存器实现数据的转换，将数据转换之后再交给执行函数进行分析处理，单片机处理完成后将 pH 数据上传云端，并通过设置的安全阈值判断是否发出警报。pH 模块流程图如图 6-14 所示。

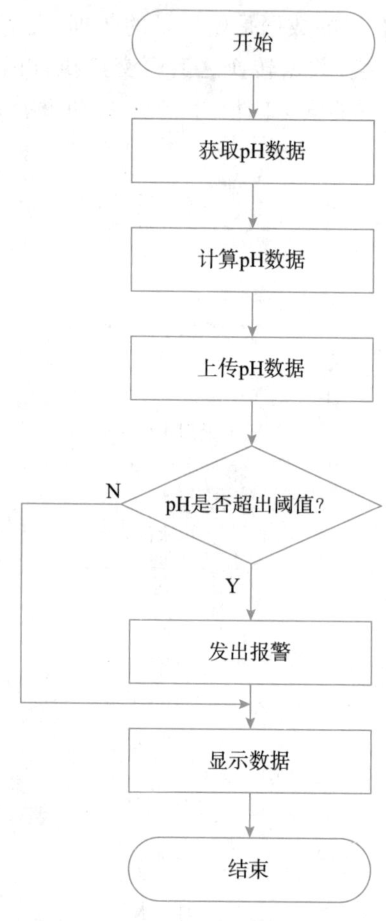

图 6-14　pH 模块流程图

主要代码如下：

```
adc_cmd(adc1, enable);                              //使能指定的 adc1
adc_resetcalibration(adc1);                         //使能复位校准
while(adc_getresetcalibrationstatus(adc1));         //等待复位校准结束
adc_startcalibration(adc1);                         //开启 ad 校准
while(adc_getcalibrationstatus(adc1));              //等待校准结束
```

6.5.5 浑浊度采集模块程序设计

在需要使用的传感器中，不需要调用寄存器或者驱动传感器，可通过 GPIO 引脚接收传感器传输过来的浑浊度数字信息，再将信息按照需要的方式进行检测与分析，进而实现数据的采集。浑浊度模块流程图如图 6-15 所示。

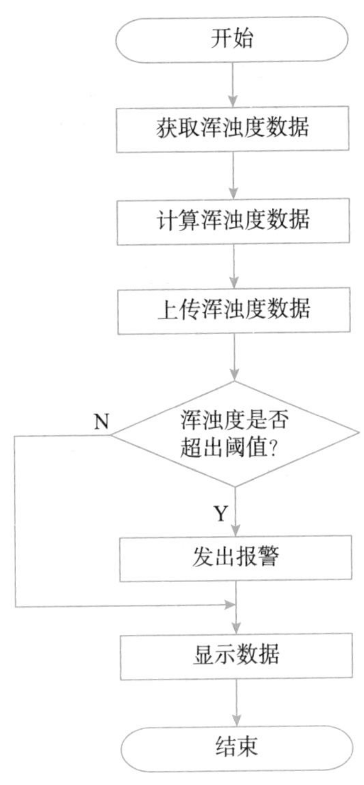

图 6-15 浑浊度模块流程图

主要代码如下：

```
sprintf(tmp,"\"hzd\":%d,",adc_val1 /4);              //将格式化的字符串存储到变量 tmp 中
strcat(str,tmp);
if(oled)
{
    sprintf(tmp,"hzd:%d",adc_val1 /4);
    oled_showstring(0,2,tmp,16);                      //oled 屏幕上显示 tmp 字符串
}
```

6.5.6 下位机与云平台通信程序设计

Wi-Fi 模块用于建立单片机和手机之间的通信，进而实现两者之间信息的交互。无线通信模块流程图如图 6-16 所示。

主要代码如下：

```
hal_uart_transmit(wifiusart,char3,sizeof(char3),0xffff);      //连接 Wi-Fi
hal_uart_transmit(wifiusart,char5,sizeof(char5),0xffff);      //连接 TCP
hal_uart_transmit(wifiusart,char7,sizeof(char7),0xffff);      //发送鉴权信息
```

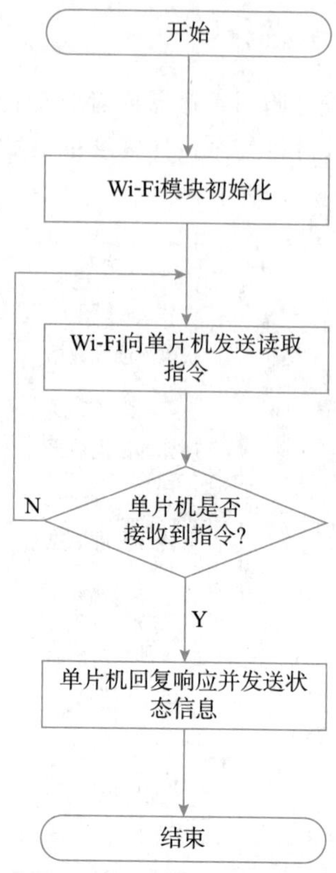

图 6-16 无线通信模块流程图

```
hal_uart_transmit(wifiusart,"at + cipsend\r\n",strlen("at + cipsend\r\n"),0xffff);
```

6.5.7 单片机 C 语言主程序

```
#include "sys.h"
#include "delay.h"
#include "usart.h"
#include "led.h"
#include "timer.h"
#include "freertos.h"
#include "task.h"
#include "module.h"
#include "string.h"
#include "includes.h"
#include "sensors.h"
#include <stdlib.h>
#include <stdio.h>
const int code = 2286;
char str[200];
#define mqtt_subscribe_topic "2286_ctrl"
#define mqtt_public_topic"2286"
char strg[6][12] = {0};
```

```
void wifi_init(void);
void publish(char * msg);
void publish_all(void);
void showerrmessage(u8 ensure);
char * buildstringnum(char * name,int value);
char * buildstringstr(char * name,char * value);
void add_fr(void);
#define start_task_prio          1
#define start_stk_size           128
taskhandle_t starttask_handler;
void start_task(void * pvparameters);
#define led_task_prio            10
#define led_stk_size             256
taskhandle_t led_handler;
void led_task(void * pvparameters);
#define uart2read_task_prio      2
#define uart2read_stk_size       256
taskhandle_t uart2read_handler;
void uart2read_task(void * pvparameters);
#define uart3read_task_prio      3
//任务堆栈大小
#define uart3read_stk_size       512
//任务句柄
taskhandle_t uart3read_handler;
//任务函数
void uart3read_task(void * pvparameters);
//任务优先级
#define getfin_task_prio         4
//任务堆栈大小
#define getfin_stk_size          256
//任务句柄
taskhandle_t getfin_handler;
//任务函数
void getfin_task(void * pvparameters);

int main(void)
{
    nvic_prioritygroupconfig(nvic_prioritygroup_4);
    delay_init();
    uart_init(115200);
    uart2_init(115200);
    led_init();
    if(oled)
    {
        oled_init();
        oled_clear();
    }
    if(!(g4g||serial))
        wifi_init();
```

```
    sensors_init();
    //创建开始任务
    xtaskcreate((taskfunction_t )start_task,
        (const char * )"start_task",
        (uint16_t )start_stk_size,
        (void * )null,
        (ubasetype_t)start_task_prio,
        (taskhandle_t * )&starttask_handler);
    vtaskstartscheduler();
}

//开始任务任务函数
void start_task(void * pvparameters)
{
    taskenter_critical();
    xtaskcreate((taskfunction_t )led_task,
        (const char * )"led_task",
        (uint16_t )led_stk_size,
        (void * )null,
        (ubasetype_t)led_task_prio,
        (taskhandle_t * )&led_handler);
    xtaskcreate((taskfunction_t )uart2read_task,
        (const char * )"uart2read_task",
        (uint16_t )uart2read_stk_size,
        (void * )null,
        (ubasetype_t)uart2read_task_prio,
        (taskhandle_t * )&uart2read_handler);

    xtaskcreate((taskfunction_t )sensors_task,
        (const char * )"sensors_task",
        (uint16_t )sensors_stk_size,
        (void * )null,
        (ubasetype_t)sensors_task_prio,
        (taskhandle_t * )&sensors_handler);

    vtaskdelete(starttask_handler);
    taskexit_critical();

}
//LED闪烁任务及mqtt心跳处理函数
void led_task(void * pvparameters)
{
    static u8 counter_mqtt_heart = 0;
    while(1)
    {
        led = !led;
        publish_all();
        counter_mqtt_heart++;
        if(counter_mqtt_heart>=200)
```

```
        {
            if(wifi_)
                mqtt_sentheart();
            counter_mqtt_heart = 0;
        }
        delay_ms(1000);
    }
}
void uart2read_task(void * pvparameters)
{
    char num[2];
    u8 h,m,s;
    char att[30];
    while(1)
    {
        if(strstr(wifi_rx_buf,"open - output1"))
        {
            output1 = 1;
        }
        if(strstr(wifi_rx_buf,"close - output1"))
        {
            output1 = 0;
        }
        if(strstr(wifi_rx_buf,"open - output2"))
        {
            output2 = 1;
        }
        if(strstr(wifi_rx_buf,"close - output2"))
        {
            output2 = 0;
        }
        if(strstr(wifi_rx_buf,"open - output3"))
        {
            output3 = 1;
        }
        if(strstr(wifi_rx_buf,"close - output3"))
        {
            output3 = 0;
        }

        if(strstr(wifi_rx_buf,"open - buzzer"))
        {
            beep = 0;
        }
        if(strstr(wifi_rx_buf,"close - buzzer"))
        {
            beep = 1;
        }
        if(pnt&&wifi_rxcounter)
```

```
            {
                led = !led;
                printf(" * * * * * * * * * *\r\nrcv msg: % s\r\n * * * * * * * * * *\r\n",wifi_rx_buf);
            }
            wifi_rxcounter = 0;
        memset(wifi_rx_buf,0,wifi_rxbuff_size);
            delay_ms(50);
        }
}
void wifi_init(void)
{
        u8 result = 0;

        result = wifi_init();
        while(result)
        {
            result = wifi_init();
            if(pnt)                                     //初始化 Wi-Fi 模块
            {
                printf("wifi init result: % d",result);
            }
        }
        if(wifi_)
        {
            if(pnt)
                printf("开始登录 mqtt\r\n");
            if(oled)
            {
                oled_clear();
                oled_showstring(0,0,"login mqtt",16);
            }
            delay_ms(2000);
            while(mqtt_connect(mqtt_subscribe_topic,"root","root")! = 1)
            {
                if(pnt)
                    printf("mqtt 登录失败,正在重试\r\n");
                if(oled)
                {
                    oled_clear();
                    oled_showstring(0,0,"login failed\r\nretrying",16);
                }
            }
            if(pnt)
                    printf("mqtt 登录成功\r\n");
            if(oled)
            {
                oled_clear();
                oled_showstring(0,0,"mqtt login success",16);
            }
```

```
        while(mqtt_subscribetopic(mqtt_subscribe_topic,0,1) != 1)
        {
            if(pnt)
                printf("mqtt 订阅失败,正在重试\r\n");
            if(oled)
            {
                oled_clear();
                oled_showstring(0,0,"subscribe topic failed\r\nretrying",16);
            }
        }
        if(pnt)
                printf("mqtt 订阅成功\r\n");
        if(oled)
        {
            oled_clear();
            oled_showstring(0,0,"subscribe topic succeed",16);
        }
    }

    oled_clear();
}
void publish(char * msg)
{
    uart2_init(115200);
    if(g4g|serial)
        u2_printf("%s",msg);
    else
        mqtt_publishdata(mqtt_public_topic,msg,0);
}
void publish_all(void)
{
    char tmp[50];
    float phmv;
    static unsigned long cnt = 0;
    memset(str,0,200);
    strcat(str,"{");

    if(ds18b20)
    {
        sprintf(tmp,"\"ds18b20_temper\":%.2lf,",ds18_temp);
        strcat(str,tmp);
    }
    if(mq)
    {
        sprintf(tmp,"\"hzd\":%d,",adc_val1 /4);
        strcat(str,tmp);
        if(oled)
        {
            sprintf(tmp,"hzd:%d",adc_val1 /4);
```

```
            oled_showstring(0,2,tmp,16);
        }
    }
        sprintf(tmp,"\"test\": %d,",turang_val );
        strcat(str,tmp);
        phmv = (float) turang_val / 4096 * 3.3;
        sprintf(tmp,"\"phmv\": %.2lf,",phmv );
        strcat(str,tmp);
        sprintf(tmp,"\"ph\": %.2lf,", phmv * 3.5);
        strcat(str,tmp);
        sprintf(tmp,"ph: %.2lf  ",phmv * 3.5);
        oled_showstring(0,4,tmp,16);
        sprintf(tmp,"\"distance111\": %.2lf,",dist_f);
        strcat(str,tmp);
    if(hcsr04)
    {
        if(dist_f>200){

            dist_f = 200;
        }else{
            dist_f = 200 - dist_f;
        }

        sprintf(tmp,"\"distance\": %.2lf,",dist_f);
        strcat(str,tmp);

            sprintf(tmp,"shuiwei: %.2lf  ",dist_f);
            oled_showstring(0,6,tmp,16);
    }
    cnt++;
    sprintf(tmp,"\"counter\": %lu}",cnt);
    strcat(str,tmp);
    publish(str);
    printf("%s\r\n",str);
}
```

6.6 主要模块功能测试

6.6.1 温度传感器模块测试

进入用户终端记录当前的温度信息，再将温度传感器放入热水中，观察温度数值是否发生变化，并记录结果。将温度传感器放入热水中，温度数据发生明显变化，从初始的温度值上升到了热水的温度，温度传感器模块测试图如图 6-17 所示。

对系统上电，连接 Wi-Fi 模块之后进行检查，查看硬件有没有连接上网络，温度的测试采用直观的加热水增温，查看终端数据变化，采用加热水模拟温度变化，加碱模拟 pH 变化，加洗衣粉模拟浑浊度变化，分别验证温度检测功能、pH 检测功能和浑浊度检测功能，如果

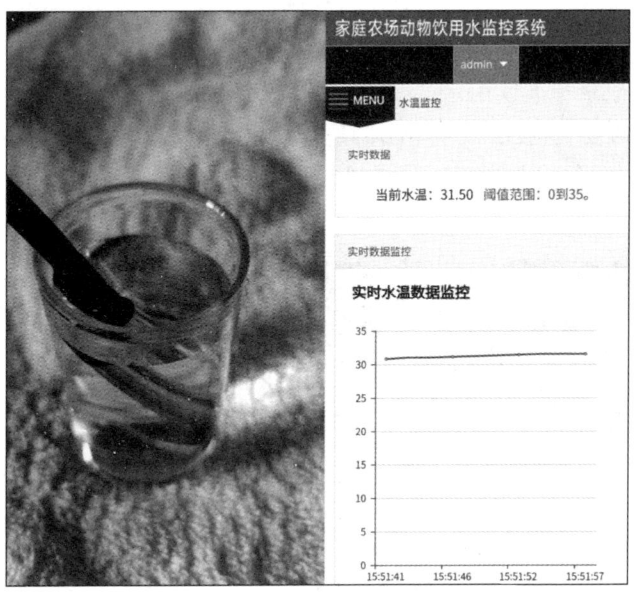

图 6-17 温度传感器模块测试图

终端能够正常显示这些信息，则验证通过；若存在某些信息未显示或者显示异常，则验证不通过。

6.6.2 浑浊度传感器模块测试

进入用户终端记录当前的浑浊度信息，再将浑浊度传感器放入事先准备好的浑浊的肥皂水中模拟浑浊水体情况，观察终端的浑浊度数值是否发生变化，并记录结果。将浑浊度传感器放入浑浊的肥皂水中，浑浊度数据发生明显变化，从初始的浑浊度值上升到浑浊肥皂水的浑浊度值，浑浊度传感器模块测试图如图 6-18 所示。

图 6-18 浑浊度传感器模块测试图

6.6.3 pH传感器模块测试

进入用户终端记录标准饮用水的pH数据信息，再将pH传感器放入准备好的碱性溶液中模拟水体pH值变化情况，观察pH值是否发生变化，并记录结果。将pH传感器放入碱性溶液中，pH数据发生明显变化，从初始的pH值上升到碱性溶液的pH值，pH传感器模块测试图如图6-19所示。

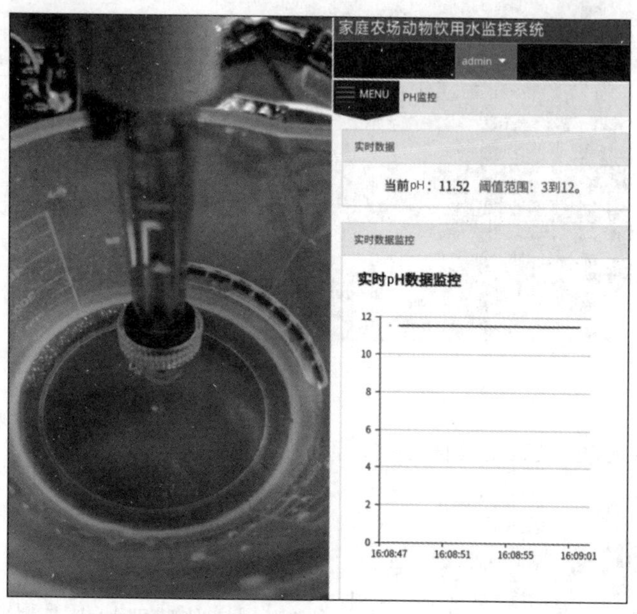

图 6-19 pH传感器模块测试图

6.6.4 水泵模块测试

向单片机发送打开水泵的指令，水泵被开启，水泵模块测试图如图6-20所示。

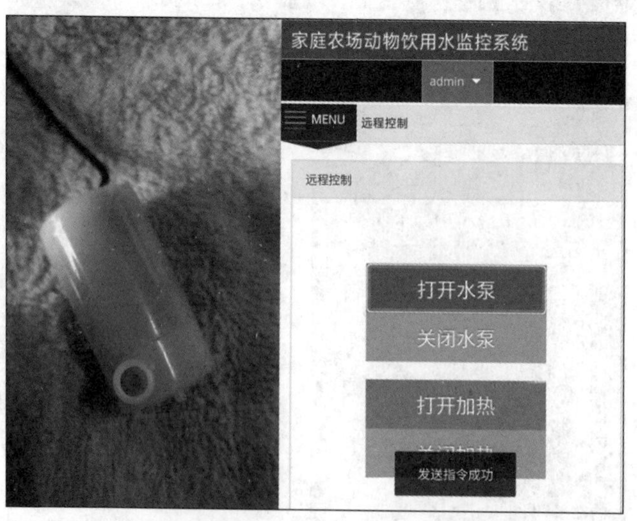

图 6-20 水泵模块测试图

6.6.5 加热片模块测试

向单片机发送打开加热片的指令，加热片被开启，加热片模块测试图如图 6-21 所示。

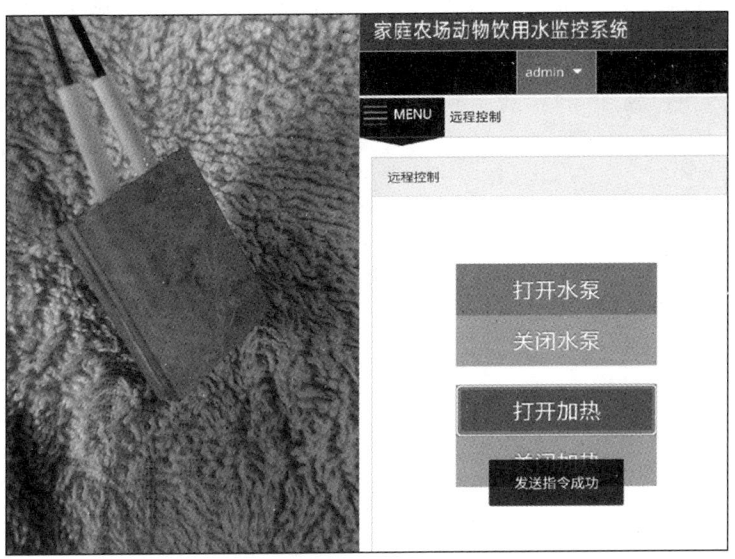

图 6-21 加热片模块测试图

能力测试

1. 为系统添加一个新的传感器，编写 C 语言程序实现传感器的信息采集。
2. 为系统添加一个新的控制设备，编写 C 语言程序实现设备的自动控制。
3. 修改本项目的工程源代码，设计一个游泳池水环境监控系统。

第 4 篇　游戏编程

古人云，业精于勤，荒于嬉；行成于思，毁于随。做任何事情都要勤于思考，善于钻研，善于总结归纳，形成自己的知识体系。习近平总书记在党的二十大报告中强调，“当代中国青年生逢其时，施展才干的舞台无比广阔，实现梦想的前景无比光明。”总书记对抓好新时代青年工作提出明确要求，对广大青年提出殷切期望。在本篇章中我们结合游戏编程，将课堂中掌握的 C 语言知识应用于实践，并在实践中进行检验和巩固，使得读者掌握游戏开发的步骤和方法，为今后参加大中型项目开发奠定基础。我们开发游戏，但是不能沉迷于游戏，牢记习近平总书记的嘱托，空谈误国，实干兴邦，立鸿鹄之志，做有理想、有担当的新时代好青年。

第7章 俄罗斯方块

C语言是一门面向过程的计算机编程语言，与C++、C#、Java等面向对象的语言有所不同。在编程领域中，C语言的运用非常多，它兼顾了高级语言和汇编语言的优点，相较于其他编程语言具有较大优势。计算机系统设计以及应用程序编写是C语言应用的两大领域。同时，C语言的普适性较强，在许多计算机操作系统中都能够得到适用，且效率显著。可以说，C语言是一种广泛应用的计算机语言。在掌握了C语言基本知识的基础上，通过实际项目检验所学知识是否掌握。

俄罗斯方块(Tetris)是一款由俄罗斯人阿列克谢·帕基特诺夫于1984年6月发明的休闲游戏，游戏规则是移动、旋转和摆放游戏自动输出的由四个大小相同的小方块组成的各种方块，使得组合后的图形组成一行或多行并且消除才能得分。本章我们将使用C语言实现俄罗斯方块游戏，综合使用C语言中的随机数、函数、循环、条件判断等技能，训练C语言编程的综合能力。

【学习目标】

1. 了解俄罗斯方块图案组成的数组表示方式。
2. 掌握方块移动和旋转的算法实现。
3. 掌握俄罗斯方块图案消除算法实现。
4. 掌握游戏计分算法及历史最高分记录方法。
5. 掌握项目开发步骤和方法。

7.1 设计目的

在C语言项目设计与实践中，我们通过C语言编程的方式实现简单的俄罗斯方块游戏，了解俄罗斯方块图案组成的数组表示方式，掌握方块移动和旋转的算法实现，掌握俄罗斯方块图案消除算法的实现，以及游戏积分算法和历史最高分记录的实现方法。通过俄罗斯方块项目训练，掌握软件项目开发步骤和方法。

7.2 功能需求分析

俄罗斯方块的每种图形由四个大小相同的正方形方块组合而成，基本图形有七种，分别是O形、I形、S形、Z形、L形、J形和T形。在游戏中，玩家需要将这些随机出现的图形通过平移、旋转的方式与下方已经存在的图形组成一行或多行，消除后得分。因此，在此游戏中，我们需要控制随机出现的方块图案，并进行相应的操作，同时在下方进行行消除。所设计的俄罗斯方块应具有以下步骤。

(1) 从七种基本图案中随机出现一种方块的图案。

(2) 操作上方出现的方块图案能够进行向下、向左、向右移动和旋转操作。

(3) 方块随着时间自动向下掉落，碰到底部或其他方块上时停止掉落。

(4) 当底部的所有方块组成一行或多行时能够自动消除，并且上方所有方块整体向下移动。

(5) 当某个方块经过堆叠后碰触顶端时，游戏结束。

(6) 记录游戏时间，进行消除时统计和显示实时得分。

(7) 菜单功能：在游戏菜单中，用户能够进行游戏等级设置（通过控制方块掉落的速度设置游戏等级）、再来一局（重新开始新的游戏）和退出游戏操作。

(8) 自动升级功能：当分数累积到一定数值时，系统将自动为玩家提高难度。这里设置了每消除 10 行方块，就增加一级难度。当难度增加时，方块会相应地改变颜色，以作为对玩家的提示。

(9) 游戏音乐播放功能：游戏开始时，自动播放背景音乐；游戏暂停或结束时，停止播放音乐。

7.3 总体设计

所设计的俄罗斯方块应该有一个主界面，主界面中显示菜单信息。游戏能够实现随机方块图案的生成和计时功能，并能够提示下一个方块的图案信息。游戏通过键盘上的方向键对方块进行向下、左、右移动和旋转的操作。在下方对已经填充完整的一行或多行进行消除，并进行成绩统计。此外，还能够存储和统计游戏的历史最高分。游戏具有自动增加难度、播放音乐、暂停、退出和重新开始等功能。因此，俄罗斯方块游戏功能模块思维导图如图 7-1 所示，总体设计框架如图 7-2 所示。

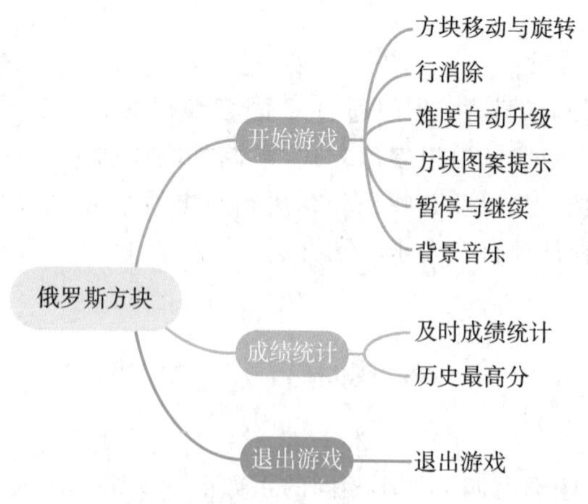

图 7-1　俄罗斯方块游戏功能模块思维导图

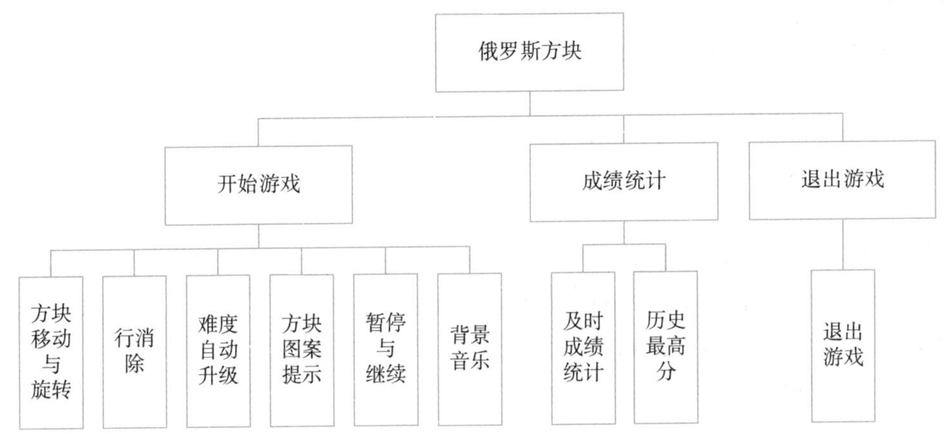

图 7-2　俄罗斯方块游戏功能总体设计框架

在游戏设计中，采用以下方法实现游戏的控制与数据处理。

(1) 设计一个 Tetromino 结构体存储方块的位置和形状信息。

(2) 使用数组表示游戏界面，其中的元素标识方块的类型和位置。

(3) 通过定时器实现方块的掉落和自动左右移动。

(4) 实现方块的旋转功能。

(5) 检查是否可以消去行并更新得分和游戏界面。

各功能模块的作用如下。

(1) 方块移动与旋转：游戏启动后，在菜单栏中选择“开始游戏”，进入游戏画面，随机生成方块图案，并匀速地从上往下移动。用户可以通过方向键进行方块的左右、上下移动或旋转。

(2) 行消除：玩家通过移动后，在底部将方块组成整行排列，此时，程序能够将整行排列的方块进行消除并计分，然后将整行消除后的上方方块整体按行下移。

(3) 难度自动升级：当分数累积到一定数值时，系统将自动为玩家提高难度。这里设置了每消除 10 行方块，就增加一级难度。

(4) 方块图案提示：在游戏界面的右侧，显示下一个出现的方块形状，便于玩家提前做好移动操作准备。

(5) 暂停与继续：单击“暂停”按钮，能够实现游戏暂停；单击“继续”按钮，游戏按照原来的进程继续进行。

(6) 背景音乐：在游戏的过程中，为了烘托氛围，营造轻松、愉悦的游戏环境，在游戏中增加了背景音乐的播放功能。单击“背景音乐”，进行背景音乐的播放；再次单击“背景音乐”，停止背景音乐的播放。

(7) 及时成绩统计：根据玩家按行消除方块进行及时分数统计，并在游戏界面右侧的得分栏中实时显示。

(8) 历史最高分：由于需要统计历史最高分，因此，在游戏文件的当前目录下设置一个 score.txt 的文本文件，用来存放游戏首次的得分，之后将每次游戏得分与该分数进行比较，如果当前游戏得分大于文本文件中的分数，则更新分数并保持；如果当前分数小于文本文件中的分数，则不更新分数。在游戏界面中，通过读取 score.txt 文件中的分数实现获取历史最高分的显示功能。

(9) 退出游戏:玩家单击“退出游戏”按钮,退出游戏。

7.4 详细设计与程序实现

在俄罗斯方块的总体设计基础上,进行游戏的详细设计和程序实现,主要包括方块图案的组成、方块移动函数的编写、方块掉落检测(掉落在底部或其他方块上面时停止)、方块整行排列的行消除、分数统计与更新、背景音乐播放与停止以及退出游戏等功能。

详细设计与程序实现如下。

1. 俄罗斯方块图案组成

如前所述,俄罗斯方块主要由I、L、J、O、Z、S、T七种图案组成,定义一个整型的三维数组 int blockshape[7][4][4]。其中,第一维表示七种方块图案,后面二维表示图案的组成数组。在数组中,用0表示无图案,用1表示有图案。例如,方块图案的二维数组表示如图7-3所示。

```
{                 {                 {                 {
  {0,0,0,0},        {0,0,0,0},        {0,0,0,0},        {0,0,0,0},
  {1,1,1,1},        {1,1,1,0},        {1,1,1,0},        {0,1,1,0},
  {0,0,0,0},        {1,0,0,0},        {0,0,1,0},        {0,1,1,0},
  {0,0,0,0},        {0,0,0,0},        {0,0,0,0},        {0,0,0,0},
}                 }                 }                 }
方块I              方块L              方块J              方块O

{                 {                 {
  {0,0,0,0},        {0,0,0,0},        {0,0,0,0},
  {1,1,0,0},        {0,1,1,0},        {1,1,1,0},
  {0,1,1,0},        {1,1,0,0},        {0,1,0,0},
  {0,0,0,0},        {0,0,0,0},        {0,0,0,0},
}                 }                 }
方块Z              方块S              方块T
```

图7-3 方块图案的二维数组表示

俄罗斯方块基本图形代码如下:

```
int blockshape[7][4][4] = {
    //方块 I 的数组表示
    {
        {0,0,0,0},
        {1,1,1,1},
        {0,0,0,0},
        {0,0,0,0}
    },
    //方法 L 的数组表示
    {
        {0,0,0,0},
```

```
        {1,1,1,0},
        {1,0,0,0},
        {0,0,0,0}
    },
    //方块 J 的数组表示
    {
        {0,0,0,0},
        {1,1,1,0},
        {0,0,1,0},
        {0,0,0,0}
    },
    //方块 O 的数组表示
    {
        {0,0,0,0},
        {0,1,1,0},
        {0,1,1,0},
        {0,0,0,0}
    },
    //方块 Z 的数组表示
    {
        {0,0,0,0},
        {1,1,0,0},
        {0,1,1,0},
        {0,0,0,0}
    },
    //方块 S 的数组表示
    {
        {0,0,0,0},
        {0,1,1,0},
        {1,1,0,0},
        {0,0,0,0}
    },
    //方块 T 的数组表示
    {
        {0,0,0,0},
        {1,1,1,0},
        {0,1,0,0},
        {0,0,0,0}
    }
}
```

2. 方块生成

方块生成主要是在游戏中生成四个小方块，并由四个小方块组成俄罗斯方块图案。在程序中，采用数组的形式生成四个小方块，并通过循环生成七个俄罗斯方块。最后通过编写随机函数，随机产生一个俄罗斯方块的图案。生成的方块和随机产生的方块实现代码如下：

```
//生成新方块
void newblock()
{
```

```
    for (int i= 0; i<4; i++)
    {
        smallblock[i].x = nextblock[i].x;
        smallblock[i].y = nextblock[i].y;
        map[nextblock[i].y][nextblock[i].x] = 1;
    }
    shape2 = rand() % 7;
    int k2 = 0;                          //四个小方块的下标
    for (int i = 0; i<4; i++)
        for (int j = 0; j<4; j++)
            if (blockshape[shape2][i][j] == 1)
            {
                nextblock[k2].x = 0;
                nextblock[k2].y = 0;
                nextblock[k2].x += i+3;
                nextblock[k2].y += j;
                k2++;
            }
    for (int i = 0; i<4; i++)
    {
        xy[i].x = 415 + (nextblock[i].x-3) * 30;
        xy[i].y = 203 + (nextblock[i].y) * 30;
    }
}

//随机产生一个方块
void initblock()
{
    shape1 = rand() % 7;
    int k = 0;                           //四个小方块的下标
    for (int i = 0; i<4; i++)
        for (int j = 0; j<4; j++)
            if (blockshape[shape1][i][j] == 1)
            {
                smallblock[k].x = 0;
                smallblock[k].y = 0;
                smallblock[k].x += i+3;
                smallblock[k].y += j;
                map[smallblock[k].y][smallblock[k].x] = 1;
                k++;
            }
    shape2 = rand() % 7;
    int k2 = 0;                          //四个小方块的下标
    for (int i = 0; i<4; i++)
        for (int j = 0; j<4; j++)
            if (blockshape[shape2][i][j] == 1)
            {
                nextblock[k2].x = 0;
                nextblock[k2].y = 0;
```

```
                nextblock[k2].x + = i+3;
                nextblock[k2].y + = j;
                k2 + + ;
            }
        for (int i = 0; i < 4; i+ + )
        {
            xy[i].x = 415 + (nextblock[i].x - 3) * 30;
            xy[i].y = 203 + (nextblock[i].y) * 30;
        }
    }
```

3. 方块移动

游戏中,从方块产生至落到底部或者碰触其他方块上方时,方块能够进行左、右、下三个方向的移动,方块能够移动的条件是未落到底部或者未碰触其他方块上方。因此,对方块设置两个属性标志,分别是初始属性标志 flag1 和最终属性标志 flag2,分别用“0”和“1”表示“可移动”和“不可移动”。flag1 表示方块方向是否可以移动,flag2 表示方块属性是移动方块还是固定方块。方块的下移、左移、右移以及旋转的程序流程图分别如图 7-4~图 7-7 所示。

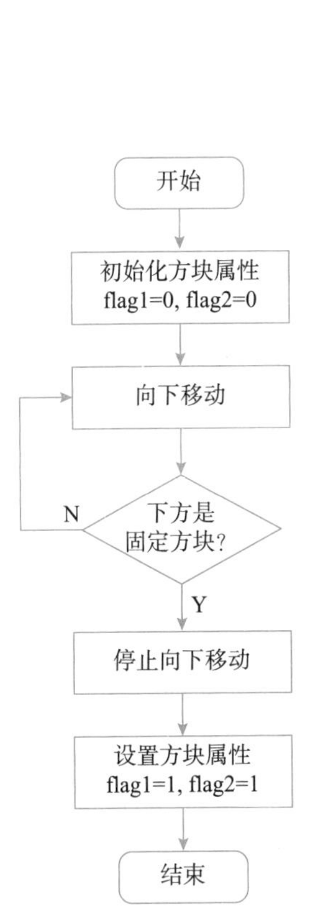

图 7-4　方块向下移动流程图

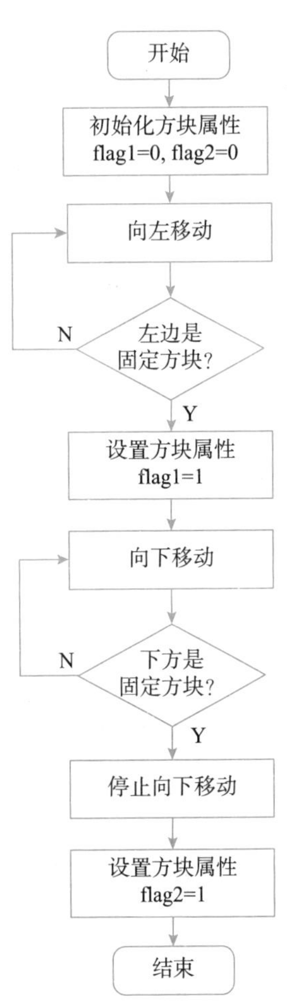

图 7-5　方块向左移动流程图

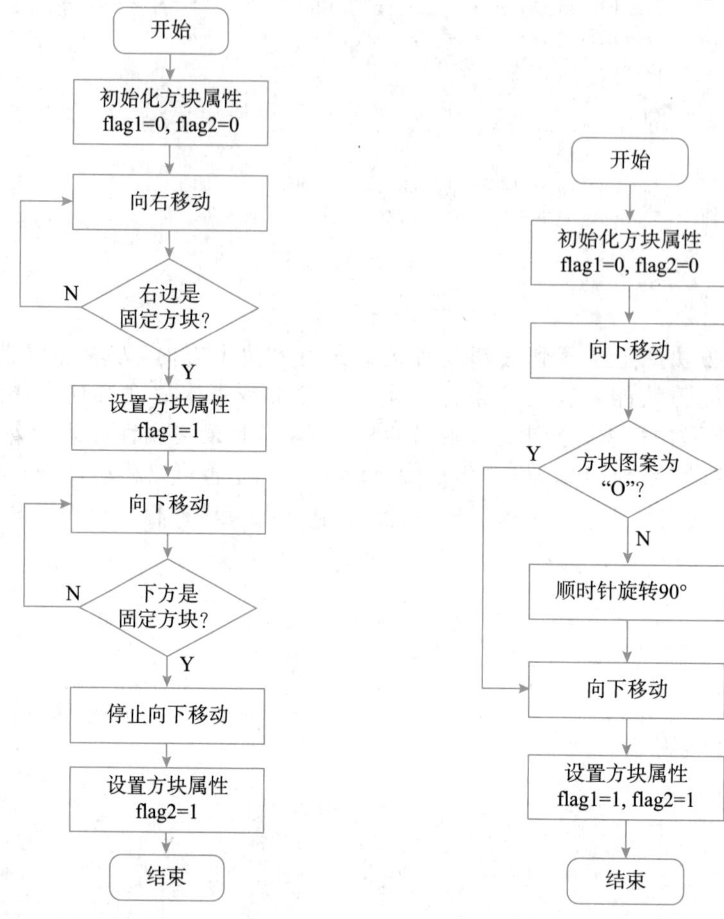

图 7-6　方块向右移动流程图

图 7-7　方块旋转流程图

方块向下移动、向左移动、向右移动以及旋转的实现代码如下：

```
//向下移动函数
void down()
{
    //可以移动的标志:0 能够移动,1 不能移动
    int k, flag1 = 0;
    int flag2 = 0;
    //如果下面的是固定方块,那么将此方块设置为固定方块
    for (int i = 0; i < 4; i + + )
    {
        //遇到固定方块就停止,不再往下移动
        if (map[smallblock[i].y + 1][smallblock[i].x] = = 2)
        {
            flag2 = 1;
        }
    }
    if (flag2 = = 1)
    {
```

```
        for (int y = 0; y < 4; y+ + )
        {
            map[smallblock[y].y][smallblock[y].x] = 2;
        }
    }

    //里面是不可移动方块的判定
    for (int i = 0; i < 4; i+ + )
    {
        if (smallblock[i].y > 19 || smallblock[i].x < 0 || smallblock[i].x>10)
        {
            //把到达底层的方块变成 2,2 为固定方块
            for (int c = 0; c < 4; c+ + )
            {
                map[smallblock[c].y][smallblock[c].x] = 2;
            }
            newblock();
            flag1 = 1;
        }
        //遇到固定方块就停止,不再往下移动
        if (map[smallblock[i].y + 1][smallblock[i].x] = = 2)
        {
            //下一个是固定方块就重新随机生成新的方块往下落
            newblock();
            flag1 = 1;
        }
    }
    //往下移动
    if (flag1 = = 0)
    {
        for (k = 0; k < 4; k+ + )
        {
            //可移动方块
            map[smallblock[k].y][smallblock[k].x] = 0;
        }
        for (k = 0; k < 4; k+ + )
        {
            map[smallblock[k].y + 1][smallblock[k].x] = 1;
            smallblock[k].y + = 1;
        }
    }
}

//向左移动
void left()
{
    int flag1 = 0, flag2 = 0;
    for (int i = 0; i < 4; i+ + )
    {
```

```
        if (smallblock[i].x < 1 )
        {
            flag1 = 1;
        }
    }
    for (int k = 0; k < 4; k + + )
    {
        if (smallblock[k].x>0&&map[smallblock[k].y][smallblock[k].x - 1] = = 2)
        {
            flag1 = 1;
        }
    }
    if (flag1 = = 0)
    {
        for (int k = 0; k < 4; k + + )
        {
            map[smallblock[k].y][smallblock[k].x] = 0;              //可移动方块
        }
        for (int k = 0; k < 4; k + + )
        {
            map[smallblock[k].y ][smallblock[k].x - 1] = 1;
            smallblock[k].x - = 1;
        }
    }
}

//向右移动
void right()
{
    int flag1 = 0, flag2 = 0;
    for (int i = 0; i < 4; i + + )
    {
        if (smallblock[i].x > 8 )
        {
            flag1 = 1;
        }
    }

    for (int k = 0; k < 4; k + + )
    {
        if (smallblock[k].x<9&&map[smallblock[k].y][smallblock[k].x + 1] = = 2)
        {
            flag1 = 1;
        }
    }
    if (flag1 = = 0)
    {
        for (int k = 0; k < 4; k + + )
        {
```

```
            map[smallblock[k].y][smallblock[k].x] = 0;              //可移动方块
        }
        for (int k = 0; k < 4; k++)
        {
            map[smallblock[k].y][smallblock[k].x + 1] = 1;
            smallblock[k].x += 1;
        }
    }
}

//方块变换
void changeshape()
{
    int flag = 0;
        if ( shape1 == 7)
        {
            //田字形,不需要旋转
            flag = 1;
        }
        for (int i = 0; i < 4; i++) {
            //备份当前方块
            BakBlock[i] = smallblock[i];
        }
        point p = smallblock[1];
        for (int i = 0; i < 4; i++)
        {
            struct point tmp = smallblock[i];
            map[smallblock[i].y][smallblock[i].x] = 0;
            BakBlock[i].x = p.x - tmp.y + p.y;
            BakBlock[i].y = p.y + tmp.x - p.x;
        }
        for (int i = 0; i < 4; i++)
        {
            if (BakBlock[i].x < 0 || BakBlock[i].x>9 || BakBlock[i].y > 20)
                flag = 1;
        }

        if (flag == 0)
        {
            for (int i = 0; i < 4; i++)
            {
                smallblock[i].x = BakBlock[i].x;
                smallblock[i].y = BakBlock[i].y;

            }
            for (int i = 0; i < 4; i++)
            {
                map[smallblock[i].y][smallblock[i].x] = 1;
            }
```

```
        }
        FlushBatchDraw();
}
```

4. 方块行消除及得分统计

当下方的俄罗斯方块组成完整的一行或多行时，程序能够进行整行消除并将上方的方块整体下移。此外，行消除后，能够进行得分统计。在程序设计中，设置每行的方块数总和为 20，也就是说，如果底部的方块数每行的固定方块总数达到 20 个，则能够进行消除，并进行得分统计。方块行消除程序流程图如图 7-8 所示。

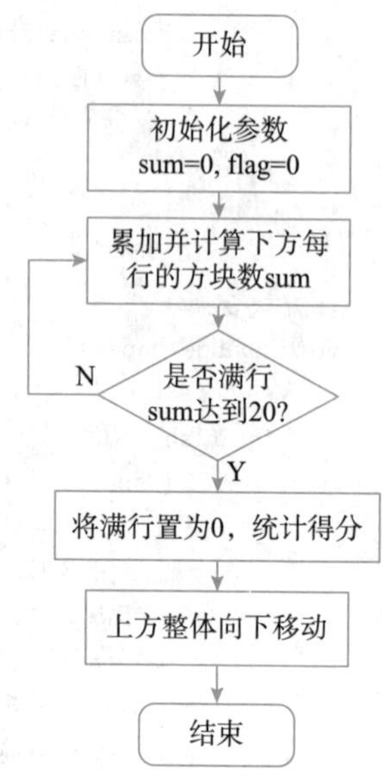

图 7-8　方块行消除程序流程图

行消除实现代码如下：

```
void clearrow()
{
    int sum = 0;
    int flag = 0;
    for (int i = 0; i < 21; i+ + )
        for (int j = 0; j < 10; j+ + )
        {
            sum + = map[i][j];
            //每行的固定方块加起来为 20,也就是全部是固
            //定方块的时候
            if (sum = = 20)
            {
                score + = addscore;
                outtextxy_sorce(450, 34, score);
                for (int y = 0; y < 10; y+ + )
                {
                    //将满行置为 0
                    map[i][y] = 0;
                    if (y = = 9)
                    {
                        for (int a = i; a >= 0 ; a- - )
                            for (int k = 0; k < 10; k+ + )
                            {
                                if (map[a][k] = = 2)
                                {
                                    map[a + 1][k] = 2;
                                    map[a][k] = 0;
                                }
                            }
                    }
                }
            }
            if(j = = 9)
                sum = 0;
        }
```

```
    drawmap();
    drawinterface();
    drawnextblock();
    EndBatchDraw();
    BeginBatchDraw();
}
```

5. 游戏难度自动升级设置

游戏难度等级由易到难一共分为 10 个等级，分级的依据是游戏的得分范围，从 100 到 1000 分，平均每增加 100 分，设置一个等级。难度等级设置流程图如图 7-9 所示。

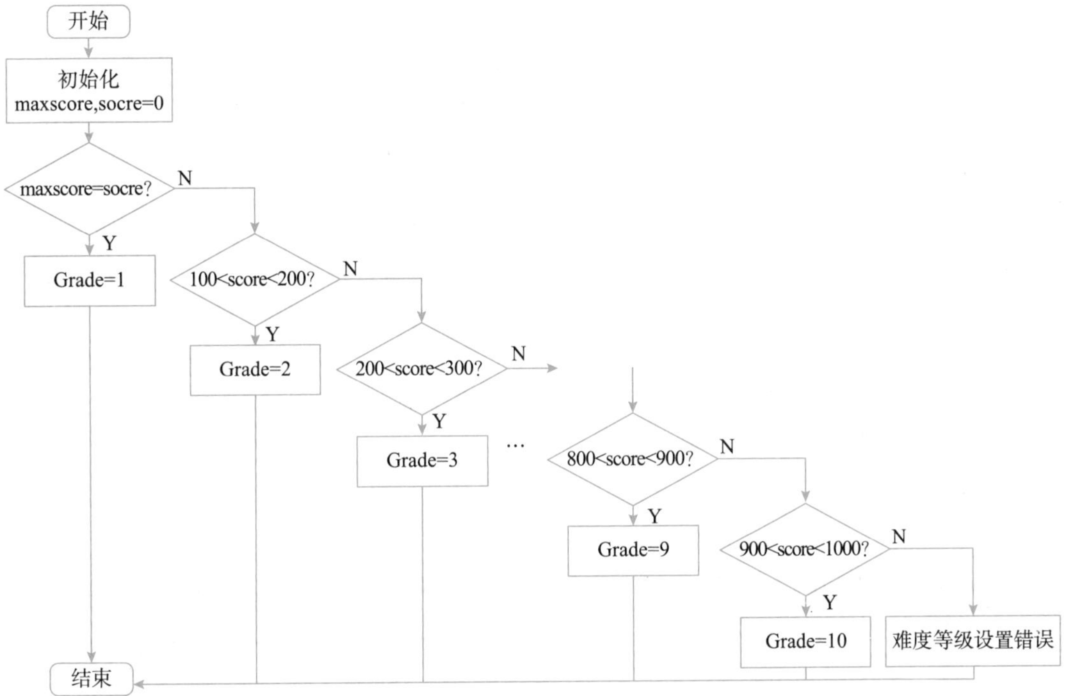

图 7-9　难度等级设置流程图

6. 判断游戏是否结束

根据游戏规则，如果方块从底部堆叠至顶部，则游戏结束，并将得分重置为 0，或者单击"游戏结束"按钮结束游戏，并记录和更新历史最高分。判断游戏结束流程图如图 7-10 所示。

判断游戏结束的主要实现代码如下：

```
//将地图数组置 0
initmap();
MessageBox(hwnd, "游戏结束,是否重新开始游戏", "over", 0);
if (maxscore <= score){
maxscore = score;
fopen_s(&fp, "最高分.txt", "w+");
if (fp != NULL)
    {
```

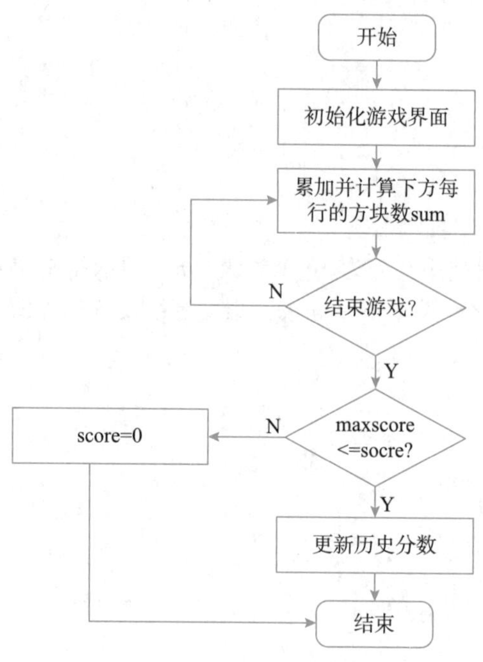

图 7-10　判断游戏结束流程图

```
            fprintf(fp,"%d",maxscore);
            fclose(fp);
        }
    }
    score = 0;
```

游戏运行界面如图 7-11 所示，开始界面如图 7-12 所示，方块移动、旋转界面如图 7-13 所示，行消除界面如图 7-14 所示，行消除记录得分界面如图 7-15 所示。

图 7-11　游戏运行界面

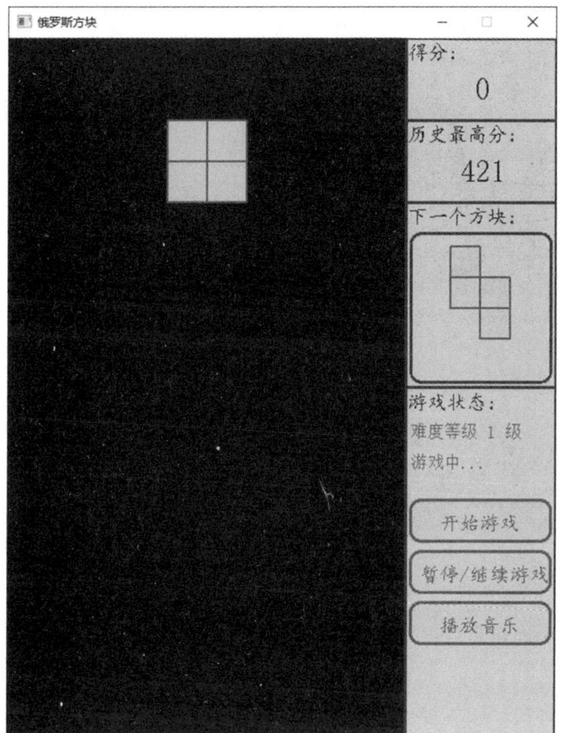

图 7-12 开始界面

图 7-13 方块移动、旋转界面

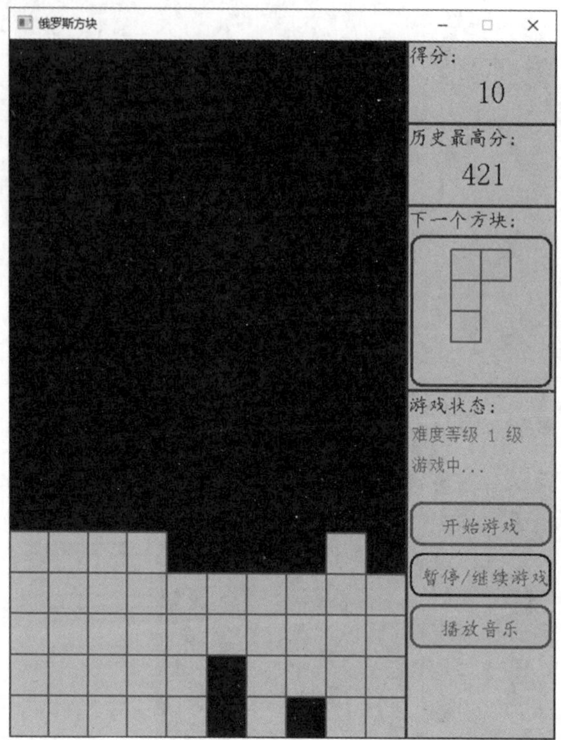

图 7-14　行消除界面

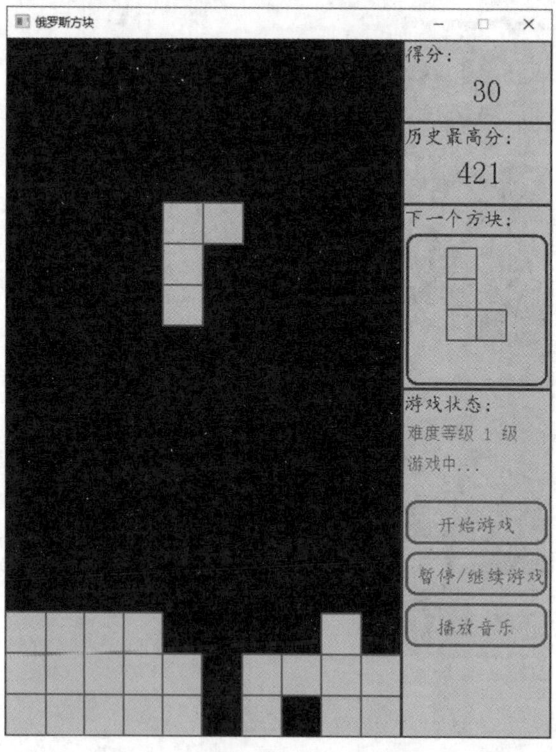

图 7-15　行消除记录得分界面

能力测试

设计一个弹力球小游戏。在一个四周都是墙壁的矩形框内有一个弹力球，矩形下方地面上有一个可左右移动的挡板，当弹球落下时，通过移动挡板使得弹力球再次反弹；当弹力球遇到墙壁或天花板时，再次反弹回来，通过移动挡板碰触弹力球，使得弹力球再次反弹。如果弹力球下落时碰到地面，则游戏失败。通过挡板反弹弹力球一次，统计分数，随着分数增加，挡板长度适当变长。

第8章 贪吃蛇

1976 年,Gremlin 平台推出了一款经典街机游戏 Blockade。游戏中,两名玩家分别控制一个角色在屏幕上移动,所经之处砌起围栏。角色只能向左或向右方向 90°转弯,游戏目标确保对方先撞上屏幕或围栏,游戏结束。在游戏中,基本上就是两条每走一步都会长大的贪吃蛇比谁后撞上围栏或自身的身体,玩家要做的就是避免撞上障碍物和越来越长的身体。玩家使用方向键操控一条长长的蛇不断吞下食物,同时蛇身随着吞下的食物不断变长,当蛇头撞到蛇身或障碍物时游戏结束。贪吃蛇最初为人们所知的是诺基亚手机附带的一个小游戏,它伴随着诺基亚手机走向世界。现在的贪吃蛇出现了许多衍生版本,并被移植到各种平台上。本章采用 C 语言开发一款单一玩家的贪吃蛇游戏。

【学习目标】

1. 了解食物和蛇的组成。
2. 掌握食物、蛇和围墙的生成算法。
3. 掌握键盘控制蛇的运动。
4. 掌握蛇碰到食物时身体增加一截的算法实现,以及蛇碰到围墙时游戏结束的算法实现。
5. 掌握游戏项目开发中每个阶段的任务和实时文档。

8.1 设计目的

贪吃蛇是一款经典的电子益智游戏,当蛇碰到食物时,身体长度增加一截;当蛇碰到围墙时,游戏结束。在本项目开发中,我们需要了解食物和蛇的组成,掌握食物、蛇和围墙的生成算法,以及蛇在碰到食物与围墙时的不同处理算法。在蛇的运动过程中,我们需要掌握键盘控制蛇的运动方向的算法实现,还需要掌握项目开发过程中每个阶段的任务和项目实时文档,为将来参加大中型开发项目奠定基础。

8.2 功能需求分析

在游戏中,首先需要生成围墙、蛇和随机出现的食物。然后通过键盘方向键控制蛇的运动,蛇的运动只能向左或向右转 90°。在游戏过程中,如果蛇头碰到食物,则蛇身增加一截并生成新的食物,同时玩家得分增加;如果蛇头碰到自身身体或围墙,则游戏结束。

1. 菜单界面

贪吃蛇游戏需要有用户操作界面，在操作界面中能够实现人机交互功能，例如"开始游戏""选择难度"等菜单选项。

2. 难度选择

游戏提供了难度选择功能，根据玩家的需求，选择相应的游戏难度，其中，难度等级包括入门、简单和困难三个级别。入门级别，游戏中蛇的移动速度较慢，便于玩家反应和操作；简单级别，游戏中蛇的移动速度适中，适合普通玩家；困难级别，游戏中蛇的移动速度较快，需要玩家快速反应和操作，才能顺利吃到食物并避免蛇头碰触蛇身或围墙。

3. 游戏介绍

在该功能中，主要是对贪吃蛇游戏的简单介绍，包括操作介绍等。

4. 退出游戏

玩家选择"退出游戏"菜单后，退出贪吃蛇游戏。

8.3 总体设计

首先，在游戏开始前，玩家需要在用户界面交互进行选择，包括开始游戏、难度选择、游戏介绍以及退出游戏。玩家只需要输入菜单条目前面的数字并按回车键即可。例如，在开始界面输入 1，则开始游戏；输入 2，则进入难度选择界面；输入 3，则进入游戏介绍界面；输入 4，则退出游戏。在难度选择界面，玩家输入 1，为入门难度；2 为简单；3 为困难，不同的难度对应蛇不同的运行速度。贪吃蛇游戏功能模块思维导图如图 8-1 所示，游戏欢迎界面如图 8-2 所示，游戏难度选择界面如图 8-3 所示，游戏介绍界面如图 8-4 所示，游戏结束界面如图 8-5 所示，贪吃蛇游戏总体框架如图 8-6 所示。

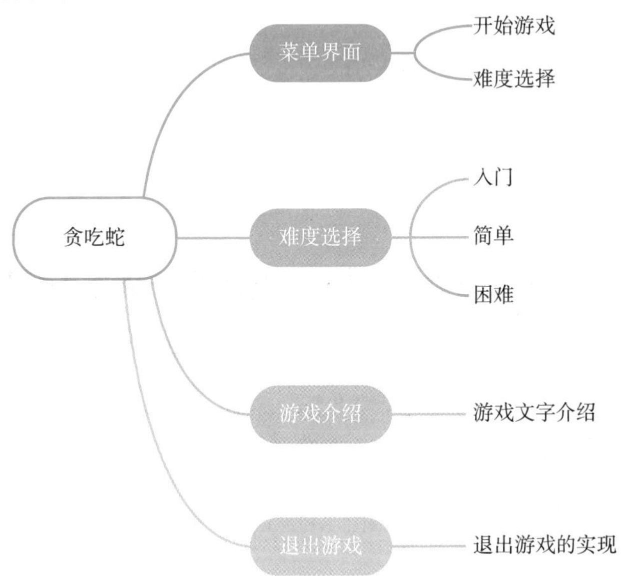

图 8-1　贪吃蛇游戏功能模块思维导图

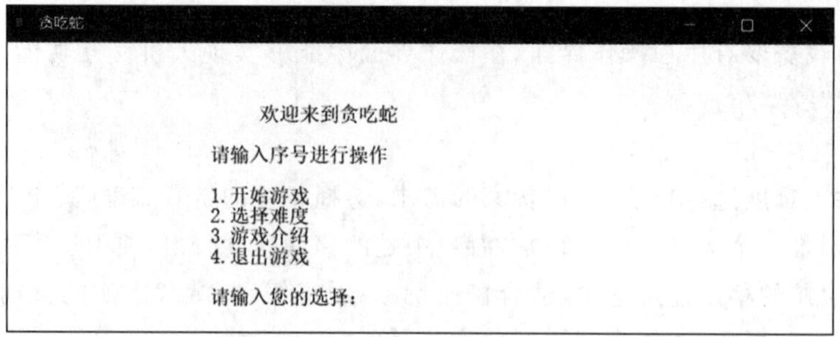

图 8-2 游戏欢迎界面

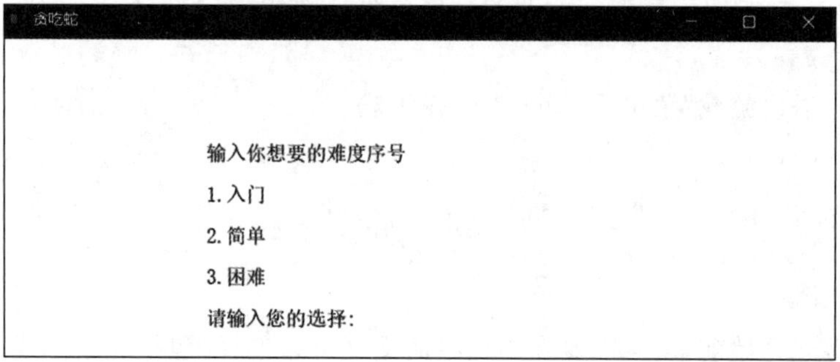

图 8-3 游戏难度选择界面

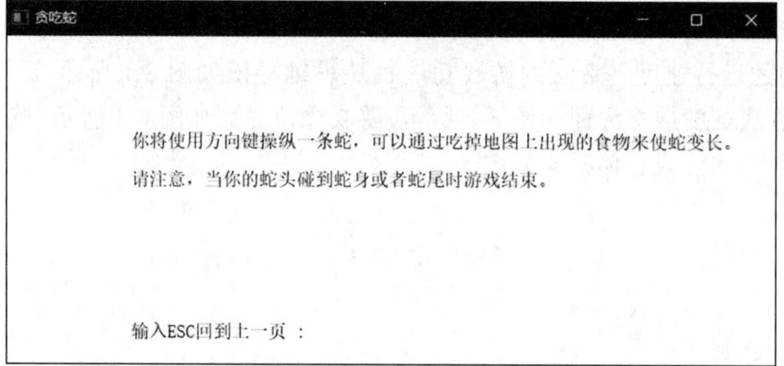

图 8-4 游戏介绍界面

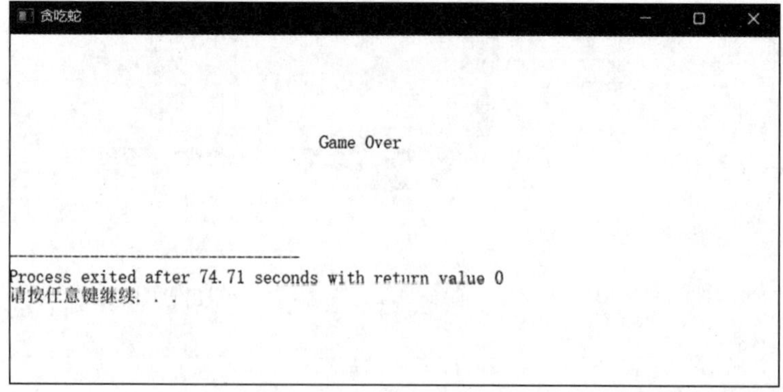

图 8-5 游戏结束界面

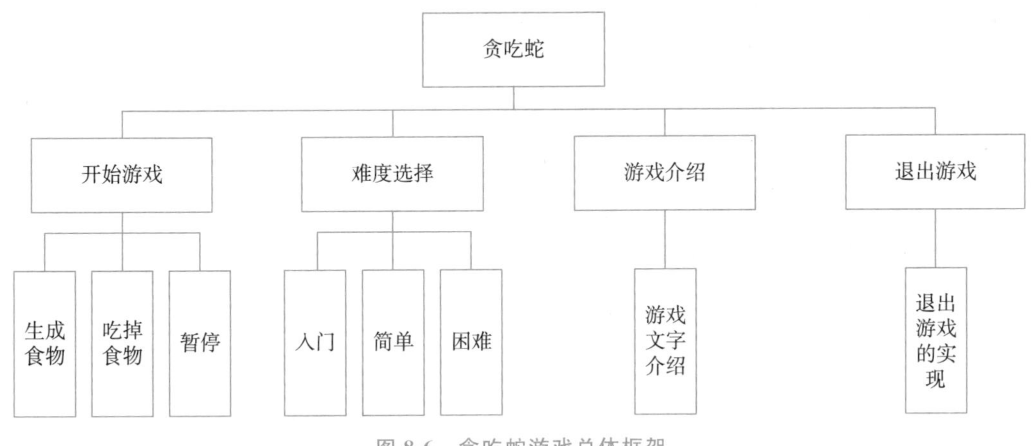

图 8-6 贪吃蛇游戏总体框架

8.4 详细设计与程序实现

在游戏开始界面的设计中，调用 forChoose()函数供玩家选择游戏菜单，应用 Windows API 函数将光标跳转到不同的位置，打印出给玩家所选择的语句，玩家输入不同的序号实现选择的功能。然后运用 switch case 对玩家的需求做出回应，对每一次玩家做出合法选择时，应该先用 system("cls")清屏，再跳出下一页对话，当玩家完成选择后，在返回上一级页面之前都应当使用清屏语句，再打印下一个页面，防止出现语句重叠的情况。forChoose()函数核心代码如下：

```
void forChoose(){
    int need_main = 1;
    while(need_main) {
        system("cls");
        CursorJump(list / 2 + 5, row / 2 - 8);
        printf("欢迎来到贪吃蛇");
        CursorJump(list / 2, row / 2 - 6);
        printf("请输入序号进行操作");
        CursorJump(list / 2, row / 2 - 4);
        printf("1.开始游戏\n");
        CursorJump(list / 2, row / 2 - 3);
        printf("2.选择难度\n");
        CursorJump(list / 2, row / 2 - 2);
        printf("3.游戏介绍");
        CursorJump(list / 2, row / 2 - 1);
        printf("4.退出游戏");
        CursorJump(list / 2, row / 2 + 1);
        int choose, choose1;
        while (1) {
            printf("请输入您的选择:");
            scanf("%d", &choose);
```

```
        if (choose >= 0 && choose <= 4) {
            break;
        } else {
            printf("输入错误,请重新输入");
            CursorJump(list / 2, row / 2 + 2);
            printf("          ");
            CursorJump(list / 2, row / 2 + 2);
        }
    }
    switch (choose) {
        case 1:
            system("cls");
            need_main = 0;
            break;
        case 2:
            system("cls");
            CursorJump(list / 2, row / 2 - 6);
            printf("输入你想要的难度序号\n");
            CursorJump(list / 2, row / 2 - 4);
            printf("1.入门");
            CursorJump(list / 2, row / 2 - 2);
            printf("2.简单");
            CursorJump(list / 2, row / 2);
            printf("3.困难");
            CursorJump(list / 2, row / 2 + 2);
            printf("请输入您的选择:");
            while (1) {
                scanf("%d", &choose1);
                if (choose1 >= 1 && choose1 <= 3) {
                    difficult = choose1;
                    break;
                }
                CursorJump(list / 2, row / 2 + 1);
                printf("输入错误,请重新输入.");
                CursorJump(list / 2 + 15, row / 2 + 2);
                printf("      ");
                CursorJump(list / 2 + 15, row / 2 + 2);
            }
            system("cls");
            need_main = 1;
            break;
        case 3:
            system("cls");
            color(12);
            CursorJump(list / 2 - 7, row / 2 - 6);
            printf("你将使用方向键操纵一条蛇,可以通过吃掉地图上出现的食物来使蛇
                变长。");
            CursorJump(list / 2 - 7, row / 2 - 4);
            printf("请注意,当你的蛇头碰到蛇身或者蛇尾时游戏结束。");
```

```
            CursorJump(list / 2 - 7, row / 2 + 4);
            printf("输入 ESC 回到上一页 :");
            while (1) {
                choose1 = getch();
                if (choose1 = = Esc) {
                    color(7);
                    break;
                } else {
                    CursorJump(list / 2 - 7, row / 2 + 5);
                    printf("输入错误,请重新输入。");
                    CursorJump(list / 2 + 18, row / 2 + 4);
                    printf("                ");
                    CursorJump(list / 2 + 12, row / 2 + 4);
                }
            }
            need_main = 1;
            break;
        case 4:
            system("cls");
            color(7);
            CursorJump(list - 10, row / 2 - 4);
            printf("  Game Over  ");
            CursorJump(list - 8, row / 2 + 5);  //此行代码使得游戏结束界面更加美观;
            exit(0);
        default:
            need_main = 1;
            break;
        }
    }
}
```

当玩家进行选择后，在开始游戏之前，首先需要隐藏光标，在此，我们定义了一个 InitInterface()函数，在函数内使用 CONSOLE_CURSOR_INFO curInfo 定义一个结构体变量 curInfo，该变量用于控制命令行窗口光标的显示。这个结构体变量包含两个成员：dwSize 和 bVisible。其中，前一个参数控制光标的大小；后一个设置为 true，则光标可见，false 表示光标隐藏。在游戏的过程中，需要频繁使用光标的跳转实现输出数据的展示，比如用户的得分数、食物的打印等。用 Windows API 函数实现光标的跳转，其中的 SetConsoleCursorPosition()函数是控制光标位置的函数，其作用是将光标移动到指定的行和列。具体做法是使用 COORD 结构体指定要移动到的光标位置的横纵坐标，再使用上面的函数进行光标跳转。光标隐藏与跳转核心代码如下：

```
void HideCursor(){
    CONSOLE_CURSOR_INFO  curInfo;
    curInfo.dwSize = 1;
    curInfo.bVisible = FALSE;
    HANDLE handle = GetStdHandle(STD_OUTPUT_HANDLE);
    SetConsoleCursorInfo(handle, &curInfo);
}
```

```
void CursorJump(int x,int y){
    COORD pos;                              //定义位置的结构体变量;
    pos.X = (short)x;
    pos.Y = (short)y;
    HANDLE handle = GetStdHandle(STD_OUTPUT_HANDLE);
    SetConsoleCursorPosition(handle,pos);
}
```

根据需求分析,贪吃蛇游戏流程图如图 8-7 所示。

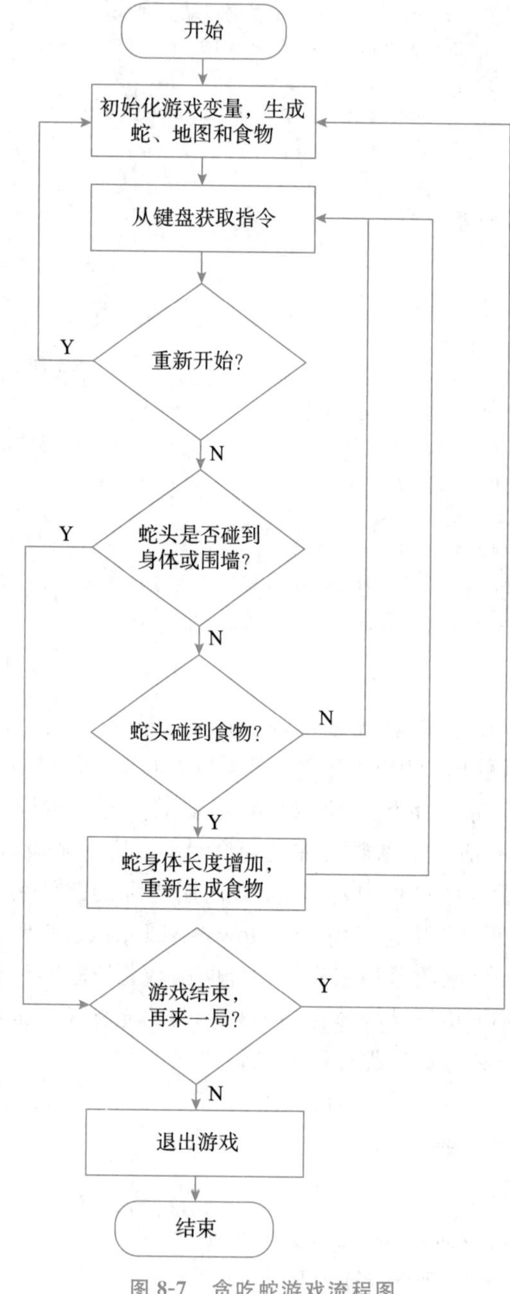

图 8-7　贪吃蛇游戏流程图

在游戏开始后需要打印地图，地图打印采用以下方式实现：设定一个二维数组，数组大小应为地图行(row)与地图列(list)大小的乘积。第一步记录二维数组中的每一个成员都为Kong，可以先用#define语句将需要用到的类似于Kong这个状态的变量宏定义成一个数值，在这里Kong设为0，墙(Wall)设为1，食物(Food)设为2，蛇头(Head)设为3，蛇身(Body)设为4；在对二维数组每一个成员初始化为Kong之后，定义两个变量$i=0$和$j=0$，将围墙在数组中标记为Wall并打印，在打印上下围墙时可以在代表墙的符号后面加一个空格，可以使界面更加美观，且只需要在后面的光标跳转时，x轴按原来的两倍跳跃，但是空格代表的地方在地图上仍然是Kong，只起到美化界面的作用，这里用*表示围墙。地图打印的核心实现代码如下所示。

```
int ground[row][list];                              //初始化地图变量
void InitInterface(){
    color(6);
    int i,j;
    for(i = 0;i<row;i + + ){                        //画到 row - 1 为下边界
        for(j = 0;j<list;j + + ){                   //画到 list - 1 是右边界
            if(j = = 0||j = = list - 1){
                ground[i][j] = Wall;
                CursorJump(2 * j,i);
                printf(" * ");
            }
            else if(i = = 0||i = = row - 1){
                ground[i][j] = Wall;
                printf(" * ") ;
            }
            else{
                ground[i][j] = Kong;
            }
        }
    }
    CursorJump(0,row);
    color(7);                                       //设置颜色为白色
    printf("当前得分：%d",grade);
}
```

在一切都准备就绪之后，开始打印程序的主体——蛇，在图案出来之前要在定义的二维数组中先将蛇头和蛇身都分别标记为Head和Body，用一个结构体保存蛇头位置，这里面包含了蛇身的长度，在每一次游戏初始化时都将蛇身的长度设为2(此长度不包括蛇头)，在另一个结构体数组中保存蛇身的位置信息，因为蛇的长度永远大于1，所以用结构体数组表示。之后调用DrawSnake()打印蛇，可以用snake.x和snake.y表示蛇头的横纵坐标，但要切记在数组中的行是横的，而在光标跳转的函数中行是竖的，因此光标应当跳转到(snake.y * 2,snake.x)处打印蛇头。因为在打印墙时加了一个空格，所以此处也应用两倍的纵坐标跳转到图上的位置，然后用"@"符号表示蛇头并加上一个空格，再采用同样的方法打印蛇身。蛇头及蛇身打印实现的核心代码如下：

```
struct snakeHead {
```

```
        int x;
        int y;
        int lenth;                                  //蛇身的长度
    }snake;                                         //蛇头的位置
    struct snakeBody {
        int x;
        int y;
    }body[row * list];                              //身体位置
    //打印蛇
    int DrawSnake(int flag){
        int i;
        if(flag = = 1){
            color(10);
            CursorJump(2 * snake.x,snake.y);
            printf("@ ");
            for(i = 0;i<snake.lenth;i + + ){
                CursorJump(2 * body[i].x,body[i].y);
                printf(" * ");
            }
        }
        else{
            if(body[snake.lenth - 1].x! = 0){
                CursorJump(2 * body[snake.lenth - 1].x,body[snake.lenth - 1].y);
                printf("  ");
            }
        }
    }
```

生成食物使用到 stdlib.h 头文件里的 rand()函数和 srand()函数，使用 srand()函数提供一个种子，这个种子对应一个随机数，如果使用相同的种子，后面的 rand()函数会出现一样的随机数，导致每一次生成的食物都在同一个位置，为了避免随机数的重复，可以使用系统时间来初始化，即用 time 函数获取时间，time 函数包含在 time.h 头文件中，time 函数的返回值是从 00:00:00 GMT,January 1,1970 到现在所持续的秒数，在 time 函数中传入一个空指针，即 srand((unsigned int)time(NULL))，在默认的情况下随机种子来自系统时钟，可以最大程度避免食物出现在地图上的相同位置；随后在打印食物之前，还要判断食物在二维数组里面是处于墙(Wall)、蛇身(Body)还是蛇头(Head)，出现以上这些情况都要重新生成食物的坐标，再重新对坐标进行判断，最终确定食物的坐标后，在之前定义的二维数组中将表示食物坐标在数组中的位置标为 Food，通过光标跳转函数跳转到指定的坐标，打印代表食物的符号，这里用“#”表示食物。生成食物的核心代码如下：

```
    void SrandFood(){
        int x,y;
        srand((unsigned int)time(NULL));
        do{
            x = rand() % row;                       //此处表示横坐标
            y = rand() % list;                      //此处表示纵坐标
        }while (x = = 0||x = = row - 1||y = = 0||y = = list - 1||ground[x][y] = =  Body||ground[x]
```

```
        [y] = = Head);
    ground[x][y] = Food;
    color(12);
    CursorJump(2 * y,x);                        //将光标跳转至食物坐标处
    printf("# ");
}
```

蛇在运动时调用函数 game()，第一次先给蛇一个初始方向，调用控制蛇运动的 run() 函数，输入蛇运动的横纵坐标，以及设置难度 t(t 值不同表示设置的难度不同，在程序运行前可以修改)，利用函数 kbhit() 可以检测是否有输入信息，其包含在 conio.h 头文件中，在对 t 的循环内放入函数 kbhit()(该循环的目的是给玩家反应的时间，也是难度设置的原理)，若在循环时 kbhit 未得到输入，则直接进入后面的 JudgeEating() 和 MoveSnake() 函数。每一轮从键盘读取到的输入均放在缓冲区域，如果函数 kbhit() 得到了一个输入，那么先停止函数 MoveSnake()，回到上一级函数 game()，利用 switch case 对蛇的运动方向进行修改，再重新调用函数 run() 进行同样的读取键盘输入的判断，如果此时没读到输入，就会进入判断蛇头状态的函数，再对蛇进行移动，然后对蛇的状态在二维数组中重新标记。贪吃蛇运动的流程图如图 8-8 所示。

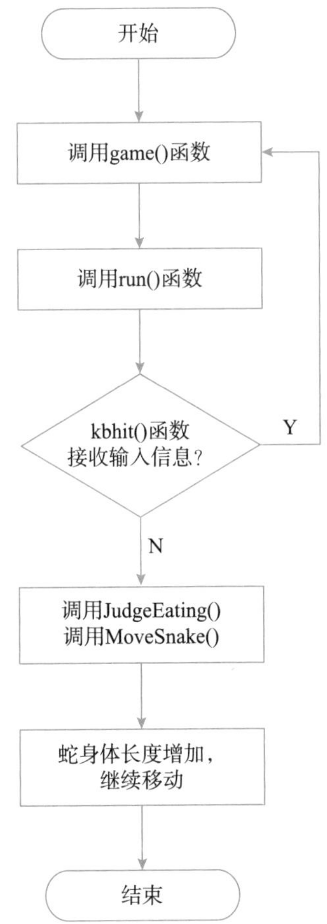

图 8-8　贪吃蛇运动(吃掉食物判断和身体长度增加)程序流程图

蛇运动的核心实现代码如下所示。

```
void run(int x, int y, int z){
    int t = 0;
    while(1){
        if(t = = 0){
            if(z = = 1){
                t = 2800;
            }else if(z = = 2){
                t = 1500;
            }else if(z = = 3){
                t = 1000;
            }
        }
        while( - - t){
            //读取下一个字符,定 t 给人反应的时间,不同的 t 值可以设置不同的难度
            if(kbhit()! = 0)
                break;
        }
        if(t = = 0){
            JudgeEating(x, y);
            MoveSnake(x, y);
        }
        else{
            break;
        }
    }
}
void game(){
    int n = Right;
    int tmp = 0;
    goto firststart;
    while(1){
        n = getch();
        switch (n){
            case Up:
            case Down:
                if(tmp! = Left&&tmp! = Right){
                    n = tmp;
                }
                break;
            case Left:
            case Right:
                if(tmp! = Up&&tmp! = Down){
                    n = tmp;
                }
            case Space:
            case Esc:
            case 'r':
```

```
            case 'R':
                break;
        }
        firststart:
        switch(n){
            case Up:
                run(0, - 1,difficult);
                tmp = Up;
                break;
            case Down:
                run(0,1,difficult);
                tmp = Down;
                break;
            case Left:
                run( - 1,0,difficult);
                tmp = Left;
                break;
            case Right:
                run(1,0,difficult);
                tmp = Right;
                break;
            case Space:                              //空格
                system("pause>nul");
                break;
            case Esc:                                //退出
            case 'r':                                //重新开始
            case 'R':
                color(7);
                system("cls");
                main();                              //重新开始,再次调用 main()函数
                break;
        }
    }
}
```

在判断蛇吃食物的函数中,需要判断蛇头碰到的是食物还是蛇身或围墙,并分别进行不同的操作。判断蛇头碰到食物或围墙的程序流程图如图 8-9 所示。

判断蛇头碰触食物或围墙功能实现的核心代码如下:

```
void JudgeEating(int x,int y){
    if(ground[snake.y + y][snake.x + x] = = Food){    //向上移动在二维数组内 + y = - 1
        snake.lenth + + ;
        grade + = 10;
        color(7);
        CursorJump(0,row);
        printf("当前得分:%d",grade);
        SrandFood();
    }else if(ground[snake.y + y][snake.x + x] = = Wall||ground[snake.y + y][snake.x + x] = =
    Body){
```

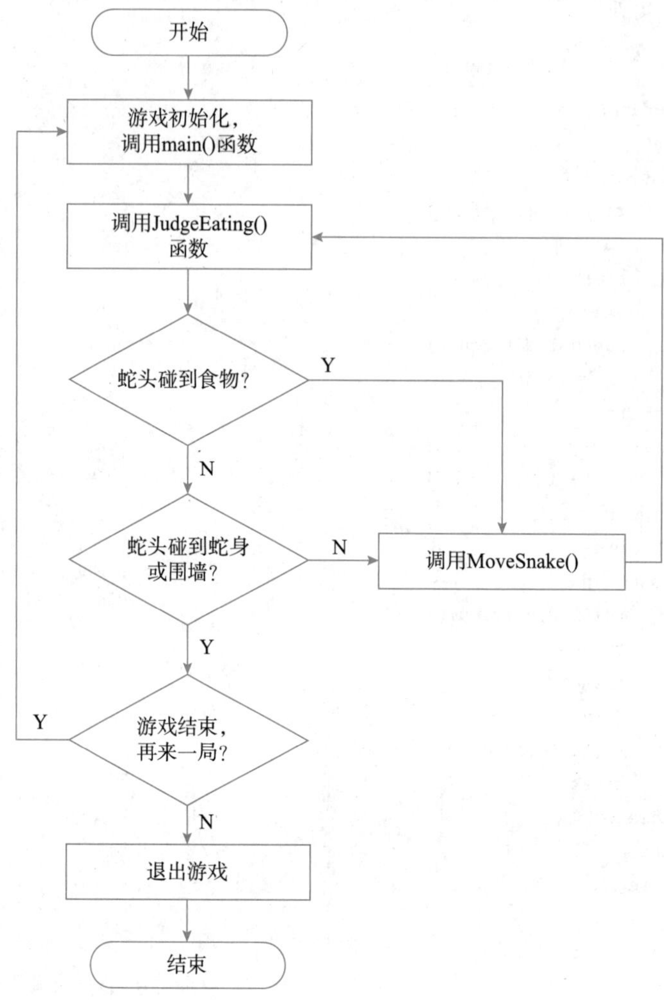

图 8-9　蛇头碰到食物或围墙的程序流程图

```
system("cls");                                    //清屏
color(7);
CursorJump(list - 10,row/2 - 4);
//CursorJump(list/2,row/2);
printf("GAME OVER");
CursorJump(list/2 + 7,row/2 - 2);
printf("您的最终得分为: % d",grade);
while(1){
    int game;
    CursorJump(list/2 + 7,row/2);
    printf("是否再来一局?(1/0):");
    scanf(" % d",&game);
    if(game - - 1){
        system("cls");                            //再来一局,回到 main()函数
        main();
    }else if(game = = 0){
```

```
                system("cls");
                CursorJump(list - 9,row/2);
                printf("GAME OVER");
                CursorJump(list - 10,row);
                exit(0);                        //退出程序
            }
            else{
                CursorJump(list/2 + 7,row/2 + 2);
                printf("输入错误,请重新选择:");
            }
        }
    }
}
```

如果碰到的是食物,那么更新蛇并重新打印,实现代码如下:

```
void MoveSnake(int x,int y){
    int i;
    DrawSnake(0);
    //蛇移动后蛇尾的位置设为空
    ground[body[snake.lenth - 1].y][body[snake.lenth - 1].x] = Kong;
    ground[snake.y][snake.x] = Body;            //蛇移动后原来蛇头的位置变为蛇身
    for(i = snake.lenth - 1;i>0;i - - ){
        body[i].x = body[i - 1].x;
        body[i].y = body[i - 1].y;
    }
    body[0].x = snake.x;                        //将原来蛇头的坐标给蛇身
    body[0].y = snake.y;                        //将原来蛇头的坐标给蛇身
    snake.x  =  snake.x  +  x;                  //蛇头坐标更新
    snake.y  =  snake.y  +  y;                  //蛇头坐标更新
    DrawSnake(1);                               //重新画出新蛇
}
```

结束程序时,需要输出当前的得分及是否要再来一局的提示,如果玩家选择再来一局,那么直接再一次调用 main()函数;如果玩家选择否,则结束 main()函数,程序运行结束。需要注意的是,如果在游戏运行的过程中,玩家输入了 r、R、ESC,同样需要重新进入 main()函数。生成蛇和食物的游戏界面如图 8-10 所示,移动中的蛇游戏界面如图 8-11 所示,游戏结束界面如图 8-12 所示。

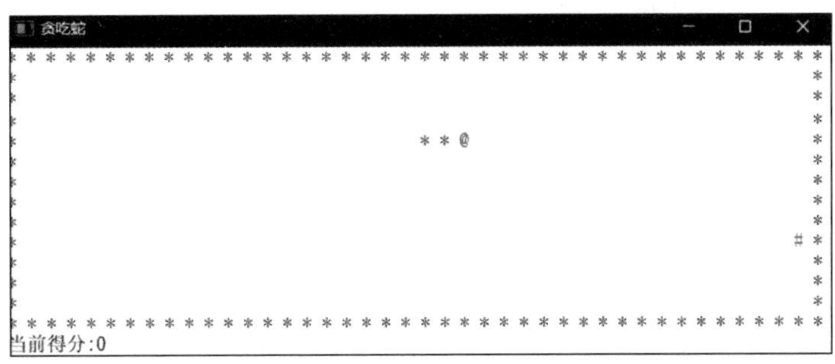

图 8-10　生成蛇和食物的游戏界面

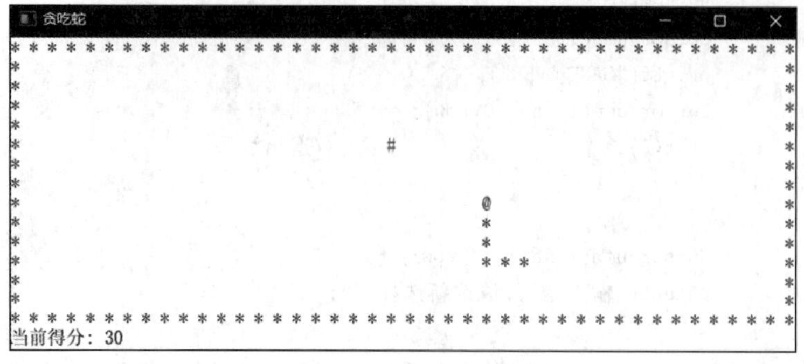

图 8-11　移动中的蛇游戏界面

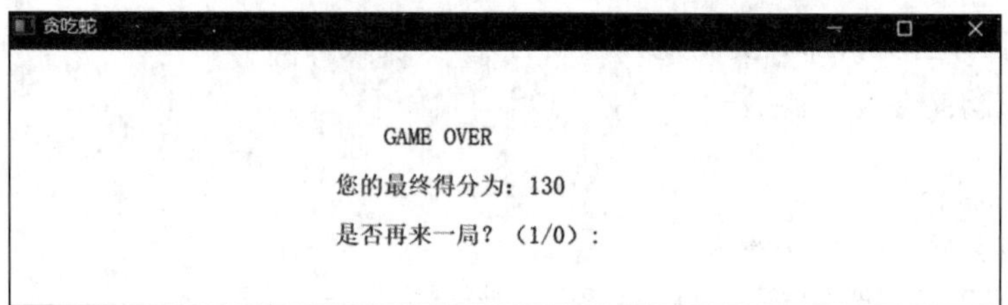

图 8-12　游戏结束界面

能 力 测 试

设计一个苹果蛇大冒险小游戏。在该游戏中，需要绘制围墙、蛇头和蛇身，要求苹果蛇吞入的食物是苹果，因此，需要将食物用苹果代替；每吞入一个苹果，不仅蛇身增长一截，而且整个蛇身的颜色也会发生变化。通过模块化的项目设计完成苹果蛇大冒险小游戏，采用结构化的程序设计方法，在后期模块组装和测试过程中需要反复测试，用于检验项目的功能可用性和可靠性。

第 9 章　五子棋

五子棋是起源于我国古代的黑白棋种之一，是一种简单的娱乐性较强的大众游戏，深受广大玩家的喜爱，但同时作为比赛，五子棋游戏还有着深奥的技巧。本章将详细介绍采用模块化的程序设计方法使用 C 语言实现五子棋游戏。在程序设计中，实现黑白两方分别落子，通过棋盘上方的动态信息提示轮流落子。在本项目中，游戏的每一个功能在程序中都是一个相对独立的模块，比如，棋盘模块、棋子模块等，模块之间通过逻辑接口调用，构成了一个完整的应用程序。

【学习目标】

1. 了解五子棋的游戏规则。
2. 掌握五子棋棋盘和棋子的绘制方法。
3. 掌握胜负判断算法的实现方法。

9.1　设计目的

五子棋通过黑棋和白棋两方在棋盘上实现五子连珠的方式判断胜负，双方谁先实现五子连珠，谁就获得胜利。在五子棋游戏中，设计目的主要有以下几点：首先，掌握棋盘绘制的方法，一般棋盘为 15×15 的尺寸规格；其次，绘制棋子，棋子需要绘制在棋盘纵线和横线的交叉点；再次，掌握落子的实现方法，黑白棋交替落子，分别落在竖线和横线的交叉点；最后，掌握胜负判断算法的实现方法。

9.2　功能需求分析

在五子棋中，双方分别使用黑白两色的棋子，下在棋盘竖线与横线的交叉点上，先形成五子连珠者获胜。因此，所设计的五子棋应具有以下功能。

(1) 界面设计与用户体验。有美观舒适的用户界面，用户体验良好。

(2) 对弈双方交替落子。运行游戏应用程序后，在 15×15 的棋盘上，对弈双方轮流落子，落在横竖连线的交叉点上。

(3) 判断规则与提示。当一方落子后，在一条线上(横、竖、对角线)有连续五个本方棋子，便取得胜利。系统自动判断胜负，提示本局游戏结束。

此外，五子棋游戏还应当包含以下功能。

(1) 双人模式功能。首先用循环语句和制表符画出整个棋盘，编写绘图函数，并利用绘图函数画出棋子;然后制定落子规则(包含输赢规则),并用循环语句实现黑白子的交替落子,如此就实现了双人对战的目的。

(2) 判断胜负功能。本模块功能的实现依靠的是单点估值函数的思想,即每次落子之后,遍历以该点为坐标原点、以 5 为半径的棋盘的交点,分析原点的四个方向(横线、竖线、两条对角线),判断是否有五子连珠棋型。若有则产生输赢;若没有则遍历整个棋盘,查看是否棋盘已经下满;若已下满则判定为和棋,否则继续游戏。

9.3 总体设计

当系统运行后,本游戏直接开始双人模式,根据游戏的设定先黑方落子,然后白方落子,而系统此时需要更新棋盘的状态和判断是否产生输赢,若产生输赢,则游戏结束;若没有产生输赢,则判断是否棋盘已经落满棋子;若已经落满棋子,则判定为和棋,否则另一方落子,如此循环,直到产生输赢或和棋为止。五子棋游戏功能设计思维导图如图 9-1 所示,功能框图如图 9-2 所示。

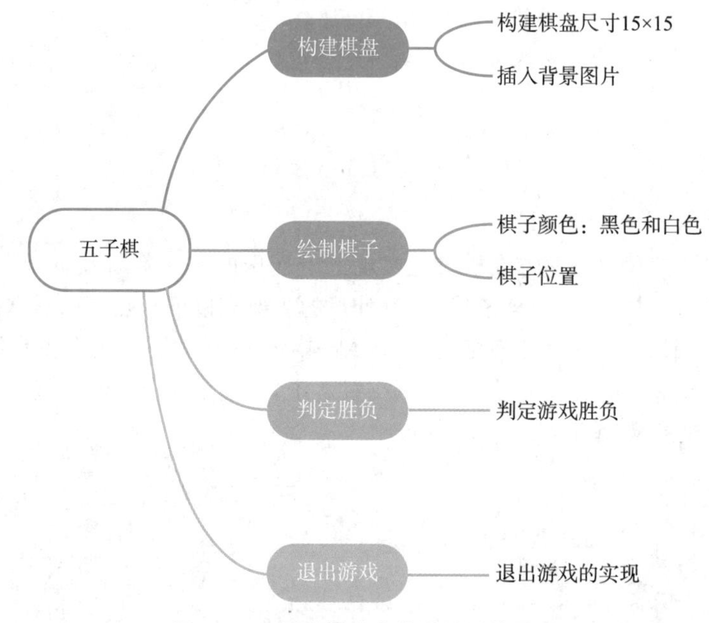

图 9-1　五子棋游戏功能设计思维导图

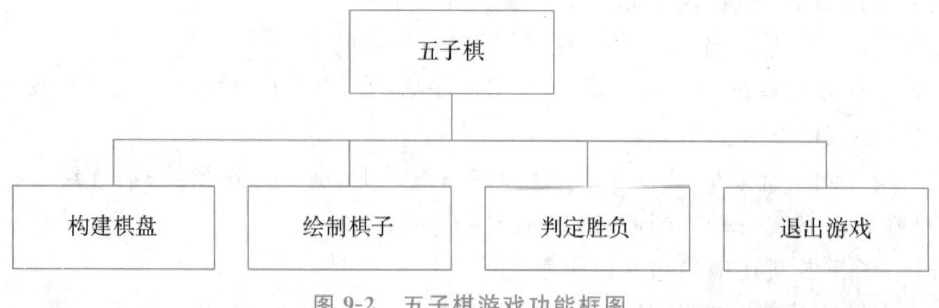

图 9-2　五子棋游戏功能框图

9.4 详细设计与程序实现

根据需求分析，主程序设计步骤包括：构建棋盘、绘制棋子、解决窗口闪屏的问题、处理鼠标移动信息、绘制跟随鼠标移动的框和校准鼠标移动的框、处理落子（鼠标左键按下）信息和判定胜负。

（1）构建棋盘。标准的五子棋棋盘是 15×15 的分布，所以该程序也是相同的棋盘，同时导入背景图片。构建棋盘流程图如图 9-3 所示。

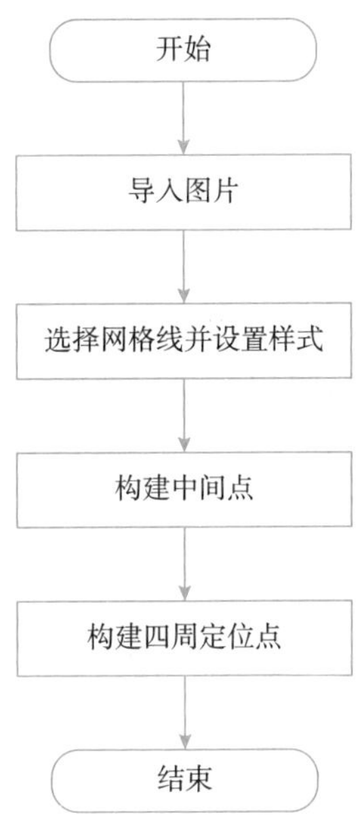

图 9-3 构建棋盘流程图

构建棋盘的核心代码如下：

```
void Draw(void)
{   //落子(按下鼠标左键)信息的处理
    //导入图片
    loadimage(&bj, "R - C.jpg");

    //输出图片
    putimage(0, 0, &bj);

    //选择网格线颜色
    setlinecolor(RED);

    //设置网格线样式
    setlinestyle(PS_SOLID, 4);

    //构建网格线(15×15)
```

```
    for (int i = 0; i <= 14; i++)
    {
        line(space, i * GRID + space, GRID * 14 + space, i * GRID + space);        //构建行
        line(i * GRID + space, space, i * GRID + space, GRID * 14 + space);        //构建列
    }

    //设置填充颜色
    setfillcolor(BLACK);

    //构建中间点
    solidcircle(400, 400, 8);

    //构建周围四点
    solidcircle(240,240,8);                                                       //左上点
    solidcircle(560, 560,8);                                                      //右下点
    solidcircle(240, 560, 8);                                                     //左下点
    solidcircle(560, 240, 8);                                                     //右上点
}
```

(2) 绘制棋子。首先定义一个枚举类型刻画棋子的颜色，分别为 black 和 white，如果没有棋子就是 none；其次定义一个数组用于存放棋子；最后利用双重循环将棋子存放到数组中。绘制棋子流程图如图 9-4 所示。

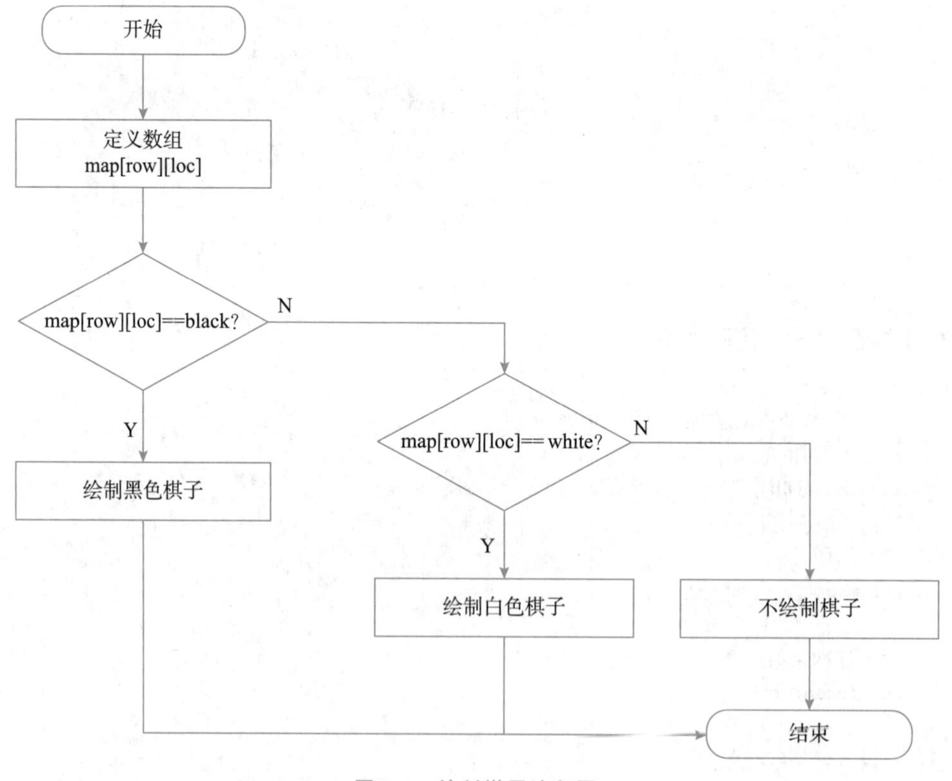

图 9-4 绘制棋子流程图

绘制棋子的核心代码如下：

```
enum chess
{
    none,
    black,
    white
};
//定义数组,存放棋子
int map[row][loc];
    //绘制棋子
    for (int i = 0;i<row;i++)
    {
        for (int k = 0; k < loc; k++)
        {
            if (map[k][i] == black)                     //黑棋
            {
                setfillcolor(BLACK);
                solidcircle(space + i * GRID, space + k * GRID, 10);
            }
            else if (map[k][i] == white)                //白棋
            {
                setfillcolor(WHITE);
                solidcircle(space + i * GRID, space + k * GRID, 10);
            }
        }
    }
```

(3) 解决窗口闪屏的问题。由于程序是实时运行的,前一帧的画面会被后一帧画面覆盖,导致界面一直闪烁。因此,利用 BeginBatchDraw()函数和 EndBatchDraw()函数构建双缓冲绘图界面。核心代码如下：

```
//创建界面
initgraph(800, 800);
    //双缓冲绘图
    BeginBatchDraw();
    Draw();
    EndBatchDraw();
```

(4) 处理鼠标移动消息。因为需要在棋盘上落子,所以我们需要清楚鼠标移动的位置信息。首先利用编译器中已经定义好的结构体 ExMessage 创建结构体变量 msg,然后利用条件判断语句区分鼠标移动和鼠标按下信息(该模块在后面),最后将鼠标移动消息传递给鼠标移动消息函数处理。代码如下：

```
//处理消息
ExMessage msg;
//获取消息
if (peekmessage(&msg, EM_MOUSE))
{
    switch (msg.message)                                //消息类型
```

```
        {
            case WM_MOUSEMOVE:                              //鼠标移动消息
                mousemovemsg(&msg);
                    break;
            case WM_LBUTTONDOWN:                            //鼠标左键按下
                mousepressage(&msg);
                break;
        }
    }
```

(5) 绘制跟随鼠标移动的框和校准鼠标移动的框。在鼠标移动时,我们不好观察鼠标的位置,因此,绘制一个蓝色的框显示鼠标在哪个位置。但是,这个蓝色的框并不在鼠标的中间,所以需要校准这个跟随框。代码如下:

```
//绘制蓝色的框
setlinecolor(BLUE);
if (pos.isshow)
{
    rectangle(pos.Row * GRID + space - 22,
              pos.Loc * GRID + space - 22,
              pos.Row * GRID + space + 25,
              pos.Loc * GRID + space + 25);
}
//坐标的校准
for (int i = 0; i < row; i++)
{
    for (int k = 0; k < loc; k++)
    {
        //获得每个格子左上角的坐标
        int gridx = space + i * GRID;

        int gridy = space + k * GRID;
        if (abs(msg->x - gridx) <= 20 && abs(msg->y - gridy) <= 20)
        {
            pos.isshow = true;
            pos.Loc = k;
            pos.Row = i;
        }
    }
}
```

(6) 处理落子(按下鼠标左键)信息。鼠标左键按下时就会落子,在该程序中,我们规定黑子先落,因此,在鼠标左键按下时就会自动调用鼠标按下信息处理函数。当黑子落下时,利用一个逻辑表达式来切换棋手。同时,数组会自动保存棋子。代码如下:

```
//按下鼠标左键
void mousepressage(ExMessage * msg)
{
    if (msg->message == WM_LBUTTONDOWN)
    {
```

```
        map[pos.Loc][pos.Row] = pos.player;

        if (judge_1(pos.Loc, pos.Row))
        {
            MessageBox(GetHWnd(), "你赢了", "hit", MB_OK);
            exit(8);
        }

        //切换棋手
        pos.player = (pos.player = = black ? white : black);
    }
}
```

(7) 判定胜负。当有一方五子连珠时，则该方获得胜利。因为有四种胜利方式(横、竖、对角线两种)所以可运用一个较长的运算符判断刚落下的棋子。如果结果为逻辑真，则返回1，否则继续往下判断。当返回逻辑真时，利用 MessageBox()函数创建并弹出一个胜利窗口。判断胜负算法流程图如图 9-5 所示，代码如下：

```
//判定胜利
int judge_1(int r, int c)
{
    int who = pos.player;
        for (int i = c - 4; i <= c; i + + )                    //左右连子
        {
            if(i >= 0 && i < 11 &&
                map[r][i] = = who && map[r][i + 1] = = who &&
                map[r][i + 2] = = who &&
                map[r][i + 3] = = who && map[r][i + 4] = = who)
            {
                return 1;
            }
        }

            for (int k = r - 4; k <= c; k + + )                //上下连子
            {
                if(k >= 0 && k < 11 &&
                map[k][c] = = who && map[k + 1][c] = = who &&
                    map[k + 2][c] = = who &&
                    map[k + 3][c] = = who && map[k + 4][c] = = who)
                {
                    return 1;
                }
            }
            for (int m = r - 4,n=c-4; m <= c ||n<=r; m+ +,n+ + )
            {
                if (m >= 0 && m< 11 &&n>=0&&n<11&&
                    map[m][n] = = who && map[m + 1][n+1] = = who &&
                    map[m + 2][n+2] = = who &&
                    map[m + 3][n+3] = = who && map[m+ 4][n+4] = = who)
```

```
            {
                return 1;
            }
        }

        for ( int m = r - 4, n = c + 4; m <= c || n >= r; m++ ,n-- )
        {
            if(m >= 0 && m < 11 && n >= 0 && n <11 &&
                map[m][n] == who && map[m + 1][n - 1] == who &&
                map[m + 2][n - 2] == who &&
                map[m + 3][n - 3] == who && map[m + 4][n - 4] == who)
            {
                return 1;
            }
        }
    return 0;
}
```

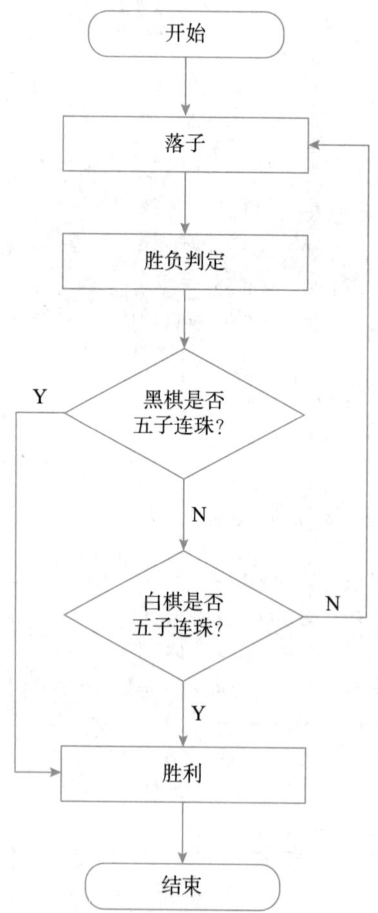

图 9-5 判断胜负算法流程图

五子棋游戏初始界面如图 9-6 所示,游戏胜利界面如图 9-7 所示。

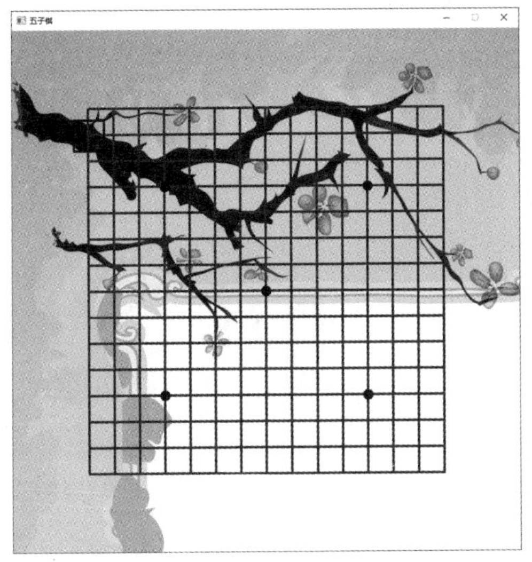

图 9-6　五子棋游戏初始界面

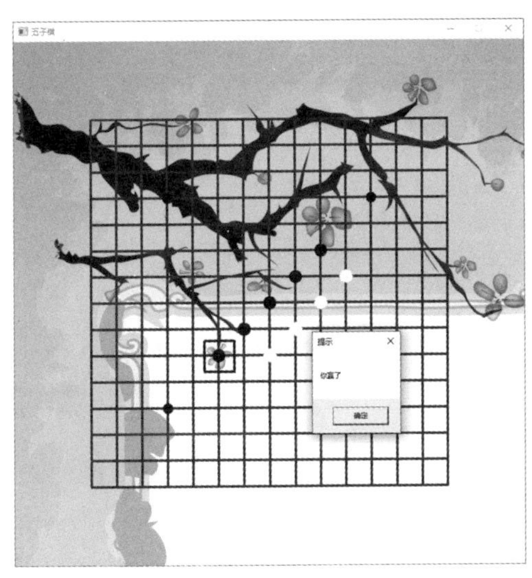

图 9-7　游戏胜利界面

能 力 测 试

设计一个国际象棋小游戏。国际象棋棋盘的绘制方法与五子棋类似，在绘制棋子时注意国际象棋的多样性，以及胜负的判断流程和方法。通过模块化的项目设计完成国际象棋游戏后，注意要采用结构化的方法实现模块组成和测试，用来检验国际象棋游戏是否达到项目预期目标。

第 5 篇　学科竞赛拓展

计算机相关学科竞赛可以促进学生理论联系实际，提高学生分析问题和解决问题的能力，使学生的知识、能力、素质得到综合锻炼和提高，加强学生的学习效果，促进优良学风的形成。学生只有 C 语言理论知识是远远不够的，唯有通过实际的操作和应用，才能将理论知识转化为实际技能。通过计算机相关学科竞赛，学生可以参与到课外的计算机技术活动中，从而提高解决复杂工程问题的综合能力。

第10章 编程中的数学基础

在计算机科学中，数学是一种非常重要的工具，它可以帮助我们使用计算机编程解决各种实际问题，其应用领域非常广泛，例如数据结构、算法分析与设计、计算机图形学、大数据分析、机器学习和计算机人工智能等。

不同编程领域对数学知识的要求有所不同，如果从事 Web 开发或者应用程序开发，可能不需要掌握高深的数学知识。但是，如果涉及机器学习、计算机图形学或者算法研究等领域，具备扎实的数学基础将是一个巨大的优势。因此，拥有基本的数学基础知识，将有助于更好地学习程序设计。在编程中经常会涉及的数学基础知识包括：数学运算、逻辑运算、集合论、离散数学、概率论与统计、线性代数和数值分析等。

本章主要介绍了数学基础知识中的概率问题、模运算、快速幂、矩阵、高斯消元、抽屉原理、容斥原理及其具体问题的编程实现，但并未涉及一些算法类竞赛中用到的数学知识，读者可以在此基础上进行更完整、更系统的进阶学习。

【学习目标】

1. 了解编程中的数学基础知识。

2. 掌握基本数学运算、逻辑运算、模运算、快速幂和矩阵的知识，具备使用这些数学基础知识解决实际问题的编程实现的能力。

3. 能使用 C/C++等编程语言编写程序代码，解决一些简单的概率论、抽屉原理、容斥原理等实际问题。

10.1 概率问题

概率论是一门研究随机事件发生规律的学科，它包括对随机变量、概率分布、期望和方差等概念的研究，是现代统计学和数据分析中不可或缺的基础。概率论应用于风险分析、金融、科学和工程等领域，可以对未来的事件进行预测和评估，有助于管理者作出更准确的决策。

随机现象是指在一定条件下进行试验或观察，会出现多于一种可能的试验结果，而且在每次试验之前都无法预言会出现哪一种结果。假设随机事件 A，在总共 n 次的重复试验中，发生随机事件 A 的次数为 x，当试验次数 n 很大时，x/n 的值稳定在某一数值 p 上下浮动，且随着试验次数 n 的增加，其上下浮动的幅度越来越小，则称 p 为随机事件 A 的概率，记为 $P(A)=p$，此时，不发生随机事件 A 的概率记为 q，由于 $p+q$ 的值肯定等于 1，则 $q=1-p$。

数理统计是一门研究收集、处理、分析和解释数据的学科，涉及基本原理、方法和技术，旨在从无数的数据中提取有用的信息和知识。它是概率论及其应用的一个分支，通常包括描述性统计、概率分布、假设检验、置信区间和回归分析等方面的内容。通过数理统计，我们可以从大量的数据中寻找数据之间的关系和模式，并作出推断和预测结果。

【例 10-1】 来自 k 星的你

在我们生活的地球上，一年有 365 天(此处不计算闰年)，则 23 人中至少有两人生日相同的概率超过了 50%。假设 k 星球的一年有 n 天，你邀请 k 星人参加你的生日聚会，如果希望包括自己在内的所有参加聚会的 k 星人中，至少有两人生日相同的概率不低于 50%，请问：至少需要邀请多少人？注意：参加生日聚会的总人数为你邀请的人数加 1(即加上你自己)。

输入格式：第 1 行包含整数 $T(1 \leqslant T \leqslant 20\,000)$，表示共有 T 组测试数据。每组数据占一行，每行输入一个整数 $n(1 \leqslant n \leqslant 105)$，$n$ 表示该星球一年的天数。

输出格式：每组数据输出一行结果，格式为“Case x: y”，其中 x 为测试的组别编号(从 1 开始)，y 为最少需要邀请的人数。

输入样例：

```
3
365
691
1000
```

输出样例：

```
Case 1: 22
Case 2: 31
Case 3: 37
```

分析：以一年 365 天为例，即 $n=365$，一年的第一天(即 1 月 1 日)记为 1，一年的最后一天记为 365(即 12 月 31 日)，则某人的生日取值为[1,365]区间的某个整数值。如果只有1 个人，则生日都不相同的概率 $p_1=365/365=1$，至少有两人生日相同的概率 $q=1-p_1=0$；增加 1 个人，共有 2 人时，则生日都不相同的概率 $p_2=p_1\times(365-1)/365=0.997\,3$，至少有两人生日相同的概率为 $q=1-p_2=0.27\%$；再增加 1 个人，共有 3 人时，则生日都不相同的概率 $p_3=p_2\times(n-2)/n=0.991\,8$，至少有两人生日相同的概率为 $q=1-p_3=0.82\%$；循环执行，每次增加 1 人，计算新的 p、q 值，当 $50\%\leqslant q$ 时，循环终止，即可求出答案。

用 C 语言程序实现此算法，源程序如下：

```
#include"stdio.h"
int main()
{
    int t;
    scanf("%d",&t);
    for(int i = 1;i< = t;i + + )                 //有 t 组测试
    {
        long n;                                  //该星球一年的天数
            scanf("%ld",&n);                     //输入该星球一年的天数
            long person = 1;                     //变量 person 表示当前的人数,初始值为 1
```

```
            double p = 1.0,q;                   //只有 1 个人时,生日都不同的概率 p 是 100%
            q = 1 - p;                          //至少有两人生日相同的概率 q = 1 - p
            while (q<0.5)                       //q<50%时,循环执行,计算新的 p、q 值
            {
                p = p * (n - person)/n;         //当前人数下,计算生日都不同的概率 p
                q = 1 - p;                      //至少有两人生日相同的概率 q = 1 - p
                person++;
            }                                   //人数加 1
        //while 循环结束,至少有两人生日相同的概率 q≥50%,总人数为 person 的值
        printf("Case %d: %ld\n",i,person - 1); //自己不计算在邀请人数内,person 的值要减 1
    }
    return 0;
}
```

程序运行结果如图 10-1 所示。

```
3
365
Case 1: 22
691
Case 2: 31
1000
Case 3: 37
```

图 10-1 例 10-1 的运行结果

【例 10-2】掷骰子游戏

给你一个共有 n 个面的骰子,每一个面涂上不同的颜色,假设在投掷该骰子时,出现任意一种颜色的面朝上的概率均相等,请计算并输出每一种颜色的面朝上至少出现一次的需要投掷骰子的期望次数。

输入格式:第 1 行包含整数 $T(1\leqslant T\leqslant 100)$,表示共有 T 组测试数据。每组数据占一行,每行输入一个整数 $n(1\leqslant n\leqslant 105)$,表示该骰子共有不同颜色的 n 个面。

输出格式:每组数据输出一行结果,格式为"第 x 次测试:有 n 个面,期望值为 y",其中 x 为测试的组别编号(从 1 开始),n 为不同颜色的面数,y 为投掷骰子的期望次数(保留 10 位小数点),y 值在正确答案的 10^{-6} 的绝对误差范围内,均视为正确。

输入样例:

```
4
1
2
8
12
```

输出样例:

```
第 1 次测试: 有 1 个面,期望值为 1.0000000000
第 2 次测试: 有 2 个面,期望值为 3.0000000000
第 3 次测试: 有 8 个面,期望值为 21.7428571429
第 4 次测试: 有 12 个面,期望值为 37.2385281385
```

分析:对于一个两面的骰子(例如硬币,只有正面和反面,为了投掷出该硬币的正面和反

面至少都出现一次的情况)：必须投掷第 1 次，投掷出任意一个面的概率是 $p=1$(即 100%出现一个正面或者反面)；也必须投掷第 2 次(因为有两个面)，当前这次投掷的面与上一次的面相同，则概率 $p=1/2=0.5$(例如第 1 次投掷的是硬币正面，这次仍然投掷硬币正面的概率 $p=0.5$)；假设前 k 次投掷的都是相同的面，则第 $k+1$ 次仍然投掷相同面的概率 $p=0.5$；以此类推，则期望次数 $y=1+1+0.5\times[1+0.5\times(1+0.5\times\cdots)]=2+0.5+0.5^2+0.5^3+\cdots=2+1=3$。

对于一个 n 面的骰子：第 1 次投掷出任意一个面的概率是 $p_1=100\%$(因为第 1 次投掷，每一个面都没有出现过)；第 2 次投掷出未出现过的面的概率 $p_2=(n-1)/n$；第 3 次投掷出未出现过的面的概率 $p_3=(n-2)/n$；以此类推，满足几何分布；期望值 y 的计算公式如下：

$$y=\sum\frac{1}{p_i}\text{ 即 }y=n(1+1/2+1/3+1/4+\cdots+1/n)$$

用 C 语言程序实现此算法，源程序如下：

```
#include"stdio.h"
int main()
{   int t;
    scanf("%d",&t);
    for(int i=1;i<=t;i++)
       { long n;                              //有 n 个面
         scanf("%ld",&n);
         double expect = 1,p;
         for(int j = 2;j <= n;j++)
            { p=1.0/j;
              expect = expect+p; }
         printf("第%d次测试：有%ld个面，期望值为%.10lf\n",i,n,expect*n);
       }
    return 0;
}
```

程序运行结果如图 10-2 所示。

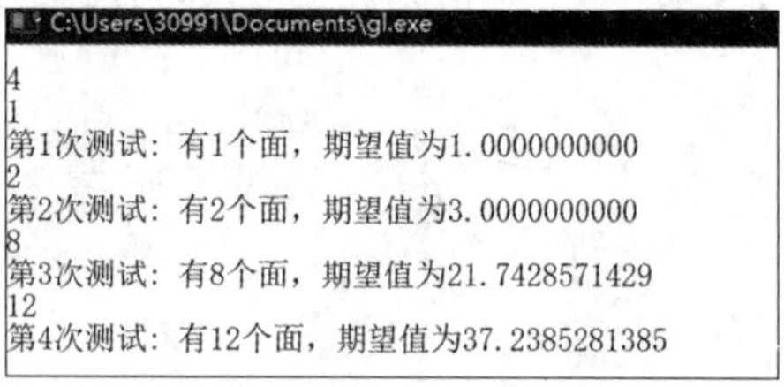

```
C:\Users\30991\Documents\gl.exe
4
1
第1次测试：有1个面，期望值为1.0000000000
2
第2次测试：有2个面，期望值为3.0000000000
8
第3次测试：有8个面，期望值为21.7428571429
12
第4次测试：有12个面，期望值为37.2385281385
```

图 10-2 例 10-2 的运行结果

【例 10-3】秘密通信

Freda 发明了传呼机之后，Rainbow 进一步改进了传呼机发送信息所使用的信号。

由于现在是数字信息时代，Rainbow 发明的信号用 N 个自然数表示。

为了避免两个人的私密对话被外人偷听，Rainbow 把对话分成 A、B、C 三部分，分别用

a、b、c 三个密码加密。

当 Freda 接到 Rainbow 的信息时，她的首要工作就是解密。

Freda 了解到这三部分的密码计算方式如下。

在 1～N 这 N 个数中，等概率地选取两个数 L、r，如果 $L>r$，则交换 L、r；把信号中的第 L～r 个数取出来，构成一个数列 P。

A 部分对话的密码是数列 P 的 xor 和的数学期望值，xor 和就是数列 P 中各个数异或之后得到的数；xor 和的期望就是对于所有可能选取的 L、r，所得到的数列的 xor 和的平均数。

B 部分对话的密码是数列 P 的 and 和的期望，定义类似于 xor 和。

C 部分对话的密码是数列 P 的 or 和的期望，定义类似于 xor 和。

请计算这三个密码。

输入格式：第 1 行一个正整数 N。第 2 行 N 个自然数，表示 Freda 接到的信号。

输出格式：一行三个实数，分别表示 xor 和、and 和、or 和的期望，四舍五入保留 3 位小数，相邻两个实数之间用一个空格隔开。

输入样例：

```
2
4  5
```

输出样例：

```
2.750  4.250  4.750
```

分析：由于 L、r 是等概率选取，当 $L=r$ 时，只有一种选法，概率是 $1/n^2$，当 $L\neq r$ 时，有两种选法，即 $[L,r]$ 和 $[r,L]$ 是不同的选法，概率是 $2/n^2$；我们可以把这 N 个自然数 A_1，A_2，…，A_N 都转化成 30 位的二进制数（由题意可知，N 的最大值为 10^9，而 $2^{30}>10^9$，30 位的二进制数足以存储 A_i）。

根据期望的线性特性，可将二进制位分开计算期望，最后加在一起；位运算是不进位的，各位之间互不影响，因此可以单独考虑每一位，最后将每一位的贡献相加就是所求解的值。假设 B 是一个序列（由 0、1 两个数字构成），B_i 等于 A_i 的第 k 位，我们先检查 $O(N)$ 序列 B 中的每个数是否为 1，若是，则进行累加，即将 $2^k\times1/n^2$ 的值进行累加；只需统计出满足以下两个条件的区间个数：and 和、or 和、xor 和等于 1 并且长度$\geqslant$2 的区间；即可进一步得到数学期望。

计算 and 和的方法如下：依次枚举右端点 r，设 $p[k](k=0,1)$ 表示数字 k 上一次出现的位置，当 $B[r]=1$ 并且 $L\in[\text{last}[0]+1,r-1]$ 时，$B[L\sim r]$ 的 and 和为 1，否则为 0；因此，若 $B[r]=1$，则 $2^k\times[(r-1)-(p[0]+1)+1]\times2/n^2$ 的值进行累加。计算 or 和、xor 和的方法与计算 and 和的方法大致相同，具体可参考题解的源程序中相应的代码。

用 C 语言程序实现此算法，源程序如下：

```
#include"stdio.h"
const int N = 100010;
int n;
int a[N];                                   //a[i]表示原序列第 i 个数
int b[N];                                   //b[i]表示 a[i]的第 k 位
void swap(int *x,int *y)                    //交换整型变量 x、y 内存地址的函数，以交换 x、y 的值
    {
```

```
        int * temp;
        temp = x; x = y; y = temp;
    }
int main()
{   scanf(" %d", &n);
    for(int i = 1; i <= n; i++)
        scanf(" %d", &a[i]);
    double res1 = 0, res2 = 0, res3 = 0; //分别表示 and 和,or 和,xor 和的数学期望
    for(int k = 0; k < 30; k++)          //依次枚举每一个二进制位
    { int p[2] = {0, 0};                 //p[0]表示最近的 0 的位置,p[1]表示最近的 1 的位置
      int c1 = 0;                        //c1 表示从 r-1 倒着数,第 1, 3, 5, … 段的总长度
      int c2 = 0;                        //c2 表示从 r-1 倒着数,第 2, 4, 6, … 段的总长度
      double w = (double)(1 << k) / n / n;
      for(int r = 1; r <= n; r++)        //枚举右端点
        {
            b[r] = a[r] >> k & 1;
            if(b[r])                     //如果 B[r] == 1,累加长度为 1 的区间的期望
            { res1 += w;
                res2 += w;
                res3 += w;
            }
            if(b[r]) //B[r] == 1
            {  res1 += 2 * w * (r - 1 - (p[0] + 1) + 1);     //and
                res2 += 2 * w * (r - 1);                     //or
                res3 += 2 * w * c1;                          //xor
            }
            else                                             //即 B[r]的值等于 0
            {  res2 += 2 * w * p[1];                         //or
                res3 += 2 * w * c2;                          //xor
            }
            //更新信息
            c1++;
            if(b[r])  swap(&c1, &c2);    //交换 c1、c2 的内存地址,以交换 c1、c2 的值
            p[b[r]] = r;
        }
    }
    printf(" %.3lf %.3lf %.3lf\n", res3, res1, res2);
    return 0;
}
```

程序运行结果如图 10-3 所示。

```
C:\Users\30991\Desktop\jcbx\
2
4  5
4.750 4.250 4.750
```

图 10-3　例 10-3 的运行结果

10.2　模运算和快速幂

10.2.1　模运算

模运算是一种数学运算，表示为 $x \bmod y$，一般来说 x 和 y 都是正整数，它的计算结果是 x 除以 y 的余数。例如，100 除以 3 的余数为 1，即 100 mod 3=1；100 除以 2 的余数为 0，即 100 mod 2=0。模运算在计算机编程中非常常见，例如用来检查一个数是奇数还是偶数，也可以用于循环计数器的计算；一般情况下，当 x 和 y 都是正整数且 $x \gg y$ 时，$x \bmod y$ 的结果必然小于 y，因此模运算有缩减数值范围的功能，所以也常用于哈希计算。

模运算满足以下性质。

结合律：$(a \bmod b) \bmod c = a \bmod (b \bmod c)$

交换律：$a \bmod b = b \bmod a$

分配律：$(a+b) \bmod c = (a \bmod c + b \bmod c) \bmod c$

乘法分配律：$(a \times b) \bmod c = (a \bmod c \times b \bmod c) \bmod c$

同余性：若 $a \equiv b \pmod m$，则 $a \bmod m = b \bmod m$

其中，同余性是模运算最基本的性质，如果 a 和 b 两个整数分别除以一个正整数 m，所得到的余数相同，那么这两个整数就在模 m 的意义下是等价的。例如，假设模数为 3，那么 10 和 16 就是模 3 意义下的同余数，因为它们除以 3 所得到的余数都是 1，即

$$10 \bmod 3 = 1$$

$$16 \bmod 3 = 1$$

因此，可以表示为

$$10 \equiv 16 \pmod 3$$

在数论、密码学和计算机科学等领域，同余性是模运算的一个重要性质，广泛应用于数据校验、模数运算和加密算法等领域。

10.2.2　快速幂

在实际应用中，我们经常会用到幂运算，例如，计算 x^n。快速幂是一种用于计算一个数的整数次幂的优化算法。传统的方法是在 $O(n)$时间复杂度内进行连乘计算，而快速幂算法可以在 $O(\log n)$时间内完成同样的计算。该算法采用了分治策略，将指数 n 按照二进制位分解成若干个小的子问题，然后进行求解。具体实现可以使用递归或迭代的方式。

1. 传统的幂运算

用 C++语言程序实现此算法，源程序如下：

```
long long power(long long x, long long n)
{ long long sum = 1
    for(int i = 1;i< = n;i + + )
        sum = sum * x;                    //循环乘上 x,共 n 次,即计算 x^n
    return sum;
}                                         //显然时间复杂度是 O(n)
```

2. 递归幂运算

递归幂运算 x^n 的思路为：当 n 为偶数时，$x^n = x^{n/2} x^{n/2}$；当 n 为奇数时，$x^n = x^{n/2} x^{n/2} x$（其中 $n/2$ 取整），例如 $x^9 = x^{9/2} x^{9/2} x = x^4 x^4 x$。因此，我们可以使用一种类似于二分的递归算法，快速求得 x 的 n 次幂。

用 C++语言程序实现此算法，源程序如下：

```
long long power(long long x, long long n)
{   if (n = = 0)
    return 1;
    long long t = power(x, n/2);
    if (n % 2 = = 0) { return t * t; }
        else { return t * t * x; }
}
```

3. 快速幂运算

快速幂运算 x^n 的本质就是分治算法。

例如，要计算 x^{128} 的值，如果连续地乘 x，需要 127 次计算，才能得到结果。换个思路，也可以按照以下顺序进行计算：

x^1—①—x^2—②—x^4—③—x^8—④—x^{16}—⑤—x^{32}—⑥—x^{64}—⑦—x^{128}

上例的计算过程从 x^1 开始，每次直接对上一步的结果进行二次方，计算 7 次就能得到 x^{128} 的值。

再举个例子，如果要计算 x^{77} 的值，可以按照以下顺序进行计算：

x^1—①—x^2—②—x^4—③—x^9—④—x^{19}—⑤—x^{38}—⑥—x^{77}

上例的计算过程，在①、②、⑤这些计算步骤中，可以直接对上一步的结果进行二次方，而在③、④、⑥这些计算步骤中，可以对上一步的结果进行二次方之后，还需要额外再乘上一个 x 的值。因此，在计算步骤中，什么情况下需要直接二次方，什么情况下需要二次方之后额外再乘 x？直接从左向右进行推导是很困难的，因为在每一个计算步骤中，我们不知道进行二次方之后是否还需要额外再乘上 x；但如果我们从右向左进行逆向思维，分治的思想就比较明显了。

要计算 x^n 时，可以先递归地计算出 $y = x^{[n/2]}$ $\lfloor n/2 \rfloor$表示对 $n/2$ 进行向下取整。根据递归的计算结果，如果 x 的指数 n 为偶数，则 $x^n = y^2$；如果 x 的指数 n 为奇数，则 $x^n = y^2 * x$。

以上算法的时间复杂度是 $O(\log n)$，代码很容易实现，但是标准的快速幂代码是利用二进制的位运算实现的。下面以计算 3^{25} 为例，说明如何利用二进制的位运算实现快速幂。

$$3^{25} = 3^{16+8+1} = 3^{16} \times 3^8 \times 3^1$$

其中，3^{16}、3^8、3^1 的指数都是 2 的 k 次幂（k 为正整数）。

$25 = (11001)_2$，等式左边的 25 是十进制数，等式右边的是二进制数，注意观察，$3^{25} = 3^{(11001)}$，此处括号中的指数是二进制数，即指数转换为二进制后，哪个二进制的位上是 1，就需要进行相乘的操作；若是 0，则跳过。

用 C++语言程序实现此算法，源程序如下：

```
#define LL long long              //long long 替换为 LL,即以下的 LL 型即为 long long 型
LL quickPow(LL x, LL n)           //自定义函数,快速计算 xⁿ 的值
```

```
{   LL res = 1;
    while(n>0){
        if(n&1)                 //如果 n 的当前末位为 1
            res * = x;          //res 乘上当前的 x
        x * = x;                //x 自乘
        n >>= 1;                //n 往右移一位,表示除以 2,再将结果重新赋值给 n
    }
    return res;
}
```

当 m^k 的值极大时,通常不是直接输出 x^n 的值,而是输出 $m^k \bmod p$ 的值,其中 p 的取值为大质数,则快速幂的代码改写如下:

```
LL quickPow(LL m, LL k, LL p)       //自定义函数,快速计算 m^k mod p 的值
{
    LL res = 1 % p, t = m;
    while (k)
    {
        if (k&1)
            {res = res * t % p; }
        t = t * t % p;
        k >>= 1;                    //k 往右移一位,表示除以 2,再将结果重新赋值给 k
    }
    return res;
}
```

【例 10-4】密钥破解

Diffie-Hellman 密钥交换协议是一种简单有效的密钥交换方法。它可以让通信双方在没有事先约定密钥(密码)的情况下通过不安全的信道(可能被窃听)建立一个安全的密钥 K,用于加密之后的通信内容。假定通信双方名为 Alice 和 Bob,协议的工作过程描述如下(其中 mod 表示取模运算)。

(1) 协议规定一个固定的质数 P,以及模 P 的一个原根 g。P 和 g 的数值都是公开的,不需要保密。

(2) 小明生成一个随机自然数 a,计算 $A=g^a \bmod P$,并将数据 A 通过非安全的网络通信通道发送给小红。

(3) 小红也生成一个随机自然数 b,计算 $B=g^b \bmod P$,并将数据 B 通过非安全的网络通信通道发送给小明。

(4) 小明使用接收到的数据 B 计算 $K_a=B^a \bmod P$,小红也使用接收到的数据 A 计算 $K_b=A^b \bmod P$。

(5) 小明和小红得到了相同的 K,即 $K_a=K_b=g^{a\times b} \bmod P=K$。

在以上的通信过程中,可能被窃听的只有 A、B,而 a、b 和 K 是保密的。并且根据 A、B、P 和 g 这四个数,不能轻易计算出 K,因此 K 可以作为一个安全的密钥。当然安全是相对的,该协议的安全性取决于数值的大小,通常 a、b、P 都选取百位以上的大整数以避免被破解。如果在编程时,小明和小红为了避免实现大数运算,选择的数值都小于 2^{31},那么破解他们的密钥就比较容易了。

数据范围：

$$A\geqslant 2, B<P<2^{31}, 2\leqslant g<20, 1\leqslant n\leqslant 20$$

输入格式：第 1 行输入正整数 g 和 P，使用空格间隔。第 2 行输入正整数 n，表示小明和小红共进行了 n 次连接(即运行了 n 次协议)。接下来 n 行，每行包含两个空格分开的正整数 A 和 B，表示某次连接中，被窃听的 A、B 数值。

输出格式：输出包含 n 行，每行一个正整数 K，即为破解得到的密钥。

输入样例：

```
3    31
3
27   16
21   3
9    26
```

输出样例：

```
4
21
25
```

分析：取随机数 a，根据题意中的计算公式 $A=g^a\%P$，取随机数 b，根据题意中的计算公式 $B=g^b\%P$，则 $K=g^{a\times b}\%P$。因此，要破解密钥 K，只需解出 a、b 的值，再使用快速幂计算 $g^{a\times b}\%P$ 的值即可。

用 C++语言程序实现此算法，源程序如下：

```
#include <iostream>            //引入 iostream 类库，其中定义了标准输入输出流对象
#include<bits/stdc++.h>        //C++万能头文件
#define ll long long           //long long 替换为 ll
using namespace std;           //使用 C++的标准命名空间，其中包含 C++的标准库函数
ll kkk(ll a,ll b,ll p);        //快速幂函数
ll BSGS(ll y,ll z,ll p)
{
    map<ll,ll> ma;             //创建集合对象 ma，其每个元素由键和值构成(都为 ll 型)
    ll m = sqrt(p),tmp = 0;
    ma.clear();                //删除 ma 中的所有元素
    if(y % p == 0&&z == 0) return 1;
    if(y % p == 0&&z!= 0) return -1;
    for(int i = 0;i<= m;i++)
    {
        if(!i) {tmp = z % p;ma[tmp] = i;continue;}
        tmp = (tmp * y) % p;
        ma[tmp] = i;
    }
    tmp = 1;ll t = kkk(y,m,p);
    for(int i = 1;i<= p;i++)
    {
        tmp = (tmp * t) % p;
        if(ma[tmp])
        {   ll ans = i * m - ma[tmp];
```

```
            return ans;
        }
    }
    return - 1;
}
ll kkk(ll a,ll b,ll p)  //快速幂函数
{   ll res = 1;
    while(b>0)
    {  if(b&1)
        {  res = (res * a) % p; }
        b>> = 1;
        a = a * a % p;
    }
    return res;
}
int main()
{   ll i,n,m,j,k,l,g,p;
    scanf(" % lld % lld",&g,&p);
    scanf(" % lld",&n);
    ll a,b;
    while(n- - )
    {   scanf(" % lld % lld",&a,&b);
        k = BSGS(g,b,p);
        k = kkk(a,k,p);
        printf(" % lld\n",k);
    }
    return 0;
}
```

程序运行结果如图 10-4 所示。

```
3 31
3
27 16
4
21 3
21
9 26
25
```

图 10-4　例 10-4 的运行结果

10.3 矩　　阵

矩阵是一种数学工具,由数字或符号排列成的矩形数组组成。矩阵中的每一个元素都有一个特定的位置,可以用行和列的坐标来标识。矩阵经常用于代数方程组、线性变换、图像处理和统计学等领域。矩阵中的每个元素可以是实数、复数或其他对象。矩阵有多种相关的运

算，这些矩阵运算在数学、工程、科学和经济学等领域中广泛应用。常用的矩阵运算如下。

(1) 矩阵加法：两个矩阵对应元素相加得到一个新的矩阵。

(2) 矩阵减法：两个矩阵对应元素相减得到一个新的矩阵。

(3) 矩阵数乘：一个矩阵中的每一个元素都乘以一个实数。

(4) 矩阵乘法：两个矩阵相乘得到一个新的矩阵，其中第一个矩阵的列数等于第二个矩阵的行数。

(5) 矩阵转置：交换矩阵的行和列，得到一个新的矩阵。

(6) 矩阵求逆：对于一个可逆矩阵，可以求出它的逆矩阵，满足矩阵乘积为单位矩阵。

【例 10-5】 填充矩阵

输入两个正整数 n 和 $m(1\leqslant n,m\leqslant 10)$，将数字 $1\sim n*m$ 的值按升序，以回字蛇形填充到一个 n 行 m 列的矩阵中，并输出该矩阵。

分析：创建一个空的二维数组，要求将 $1\sim n*m$ 的值存入该数组的正确的元素中。开始时，数组的第一个元素的值为 1，以回字蛇形的方式遍历数组，并进行判断，在相应位置按递增排列。设当前位置坐标为 (x,y)，即当前二维数组的行标和列标，上、下、左、右方向分别为 dr=0、dr=2、dr=3、dr=1，则该位置上、下、左、右的位置所对应的偏移量分别为 $(x-1,y)$、$(x+1,y)$、$(x,y-1)$、$(x,y+1)$，将方向与偏移量的对应关系初始化为两个数组便于引用，每次执行循环后，判断下一个位置是否到达数组边界，或数组中是否已经存在元素，若满足上述情况，则改变方向，方向与偏移量的对应关系如图 10-5 所示。

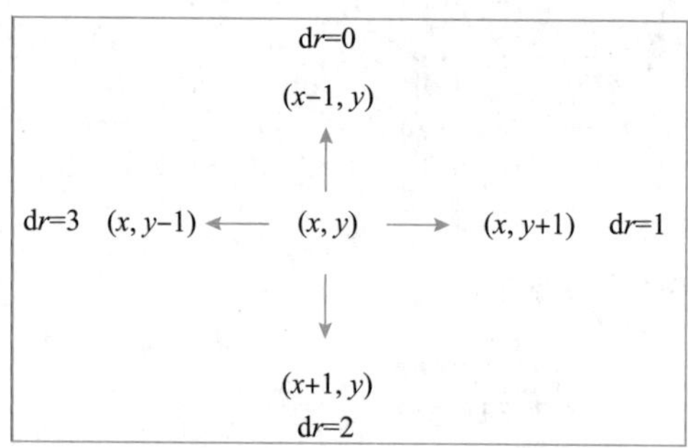

图 10-5 方向与偏移量的对应关系

用 C 语言程序实现此算法，源程序如下：

```
#include "stdio.h"
int a[11][11];                                    //定义空的二维数组数组
int dx[] = {-1,0,1,0},dy[] = {0,1,0,-1};          //初始化方向所对应的偏移量的数组
int main()
{   int n,m;
    scanf("%d %d",&n,&m);                         //输入 n、m 的值,要求满足 1≤n,m≤10
    int dr = 1,x = 0,y = 0;                       //初始化开始方向为右,初始化开始的位置
    for(int i = 1;i<= n*m;i++){
        a[x][y] = i;                              //存入答案
        int h = x + dx[dr],l = y + dy[dr];        //定义临时变量存放 x,y 的下一个位置的坐标
        if(h<0||l<0||h>= n||l>= m||a[h][l]){      //判断
            dr = (dr + 1) % 4;
            h = x + dx[dr],l = y + dy[dr];
```

```
        }
        x = h, y = 1;                                  //更新 x,y 的值
    }
    printf(" % d 行 % d 列:\n", n, m);
    for(int i = 0; i<n; i + + ){                        //循环打印输出
        for(int j = 0; j<m; j + + )
            {   printf(" % 4d ", a[i][j]);   }
        printf("\n");
    }
    return 0;
}
```

程序运行结果如图 10-6 所示。

```
C:\Users\30991\Documents\gl.exe
5 5
5行5列:
   1    2    3    4    5
  16   17   18   19    6
  15   24   25   20    7
  14   23   22   21    8
  13   12   11   10    9
```

```
C:\Users\30991\Documents\gl.exe
6 8
6行8列:
   1    2    3    4    5    6    7    8
  24   25   26   27   28   29   30    9
  23   40   41   42   43   44   31   10
  22   39   48   47   46   45   32   11
  21   38   37   36   35   34   33   12
  20   19   18   17   16   15   14   13
```

图 10-6　例 10-5 的运行结果

【例 10-6】矩阵元素的求和

一个 $n\times m$ 的整数矩阵，其中第 i 行第 j 列的元素为 a_{ij}。可以对矩阵进行任意多次如下操作：选择矩阵中的两个相邻元素，将它们均乘以 -1；同一个元素可以被选中多次。通过上述操作，使得矩阵中所有元素的和尽可能大。矩阵经过若干次元素变换后，输出矩阵所有元素之和的最大值。

输入格式：第 1 行输入整数 $T(1\leqslant T\leqslant 100)$，表示共有 T 组测试数据。每组数据第 1 行，输入整数 n 和 m 的值($2\leqslant n,m\leqslant 10$)，表示 n 行 m 列的矩阵，接下来有 n 行数据输入，每一行有 m 个整数，其中 a_{ij} 表示矩阵中第 i 行第 j 列的元素，$-100\leqslant a_{ij}\leqslant 100$。

输出格式：每组数据输出一行结果，表示矩阵的所有元素之和的最大值。

输入样例：

```
2
2    2
-1   1
1    1
3    4
0    -1   -2   -3
-1   -2   -3   -4
-2   -3   -4   -5
```

输出样例：

```
2
30
```

分析：变号不仅是将其相邻的元素一起变号，还可以扩充到左上、左下、右上、右下四个

方向；由数学推导可知，每对同时变号的元素可以处于矩阵的任意两个位置；只需要统计矩阵中有多少个负号即可。如果负号的数量是奇数，则绝对值最小的取负号；如果负号的数量是偶数，则经过若干次题干中的操作，矩阵中所有的元素都可以变成正号。

用C语言程序实现此算法，源程序如下：

```
#include "stdio.h"
#include "stdlib.h"
const int N = 15;
int jz[10][10];
void change(){
    int n,m;
    scanf("%d %d",&n,&m);
    int count = 0, sum = 0;
    int min = 100;                          //保存矩阵元素绝对值的最小值
    for(int i = 0;i<n;i++)
    {for(int j = 0;j<m;j++)
        {   scanf("%d",&jz[n][m]);          //输入矩阵元素的值
            sum += abs(jz[n][m]);           //矩阵所有元素绝对值的累加
            if(jz[n][m]<0) count++;         //统计矩阵中负数的个数
            if(abs(jz[n][m])<min)           //找矩阵元素绝对值的最小值
                min = abs(jz[n][m]);
        }
    }
    if(count % 2 == 1)                      //若个数为奇数,累加值需要减去双倍的min值
        sum = sum - 2 * min;
    printf("%d\n",sum);
}
int main(){
    int t;
    scanf("%d",&t);
    while(t--)
        change();
}
```

程序运行结果如图10-7所示。

```
C:\Users\30991\Desktop\jcbx\
2
2 2
-1 1
1 1
2
3 4
0 -1 -2 -3
-1 -2 -3 -4
-2 -3 -4 -5
30
```

图10-7　例10-6的运行结果

10.4 高斯消元

高斯消元是线性代数规划中的一个算法，主要用于求解线性方程组。

10.4.1 高斯消元的原理

已知线性方程组：

$$\begin{cases}2x+2y-z=-1\\-4x-y+3z=2\\x+2y+2z=6\end{cases}$$

求解过程如下。

构造增广矩阵，即系数矩阵 **A** 加上常数向量。

$$\left(\begin{array}{ccc|c}2 & 2 & -1 & -1\\-4 & -1 & 3 & 2\\1 & 2 & 2 & 6\end{array}\right)$$

通过以交换行、某行乘以非负常数和两行相加这三种初等变化，将原系统转化为更简单的三角形式。

$$\left(\begin{array}{ccc|c}2 & 2 & -1 & -1\\0 & 3 & 1 & 0\\0 & 2 & 5 & 13\end{array}\right)\rightarrow\left(\begin{array}{ccc|c}2 & 2 & -1 & -1\\0 & 3 & 1 & 0\\0 & 2 & 5 & 13\end{array}\right)\rightarrow\left(\begin{array}{ccc|c}2 & 2 & -1 & -1\\0 & 3 & 1 & 0\\0 & 0 & 13/2 & 39/2\end{array}\right)$$

当形成上图所示的上三角形状后，写出原线性方程组的等价线性方程组。

$$\begin{cases}2x+2y-z=-1 & \cdots\cdots \text{L1}\\3y+z=0 & \cdots\cdots \text{L2}\\(13/2)z=39/2 & \cdots\cdots \text{L3}\end{cases}$$

使用向上替换算法求得方程组的解。可根据 L3 式，得到 $z=3$；将 $z=3$ 代入 L2 式，得到 $y=-1$；将 $z=3$、$y=-1$ 代入 L1 式，得到 $x=2$。即线性方程组的解为 $x=2$，$y=-1$，$z=3$。

所以，高斯消元求解线性方程组的过程可以分为以下几步。

(1) 构造增广矩阵。即系数矩阵 **A** 加上常数向量 ***b***，也就是($\boldsymbol{A}|\boldsymbol{b}$)。

(2) 通过以交换行、某行乘以非负常数和两行相加这三种初等变化，将原系统转化为更简单的三角形式。

(3) 得到简化后的上三角方程组。

(4) 使用向后替换算法进行求解。

10.4.2 算法改进

将线性方程组 $Ax=b$ 按照从上至下、从左至右的顺序化简为上三角方程组进行求解，虽然编写代码比较简单，但是存在以下两方面限制：每次运算时，必须保证对角线上的元素不为零，即运算中的分母不为零，否则算法无法继续进行；另外，即使对角线上的元素不为零，但如果绝对值很小，对运算结果也将可能造成很大的误差，从而影响算法的稳定性。

为了减少计算过程中舍入误差对方程组求解的影响，应选择绝对值尽可能大的主元作为除数，基于这种思想，可以使用列主元消去算法。

列主元消去法基本思想为：在第 k 步消元前，先找出 k 行下所有第 k 列元素最大的非零元素 $a_{r,k}$，将第 r 行与第 k 行进行整行交换，这样既不影响原方程的解，也可以将绝对值最大的 $a_{r,k}$ 作为主元，尽可能减小误差。

全主元消去法与列主元消去法类似，从第 k 行第 k 列开始的右下角矩阵所有元素中，选取一个最大的元素作为主元，同时交换 r 行与 c 列，从而保证稳定性。

【例 10-7】列主元消去法

列主元消去算法用 C 语言程序实现，代码如下：

```
#include <stdio.h>
#include <math.h>
const int MAXN = 5;
void printM(double a[][MAXN], int n) {                    //输出矩阵
    for (int i = 1; i <= n; i++) {
        for (int j = 1; j <= n + 1; j++)
            printf("%8.3f,", a[i][j]);
        printf("\n");
    }
}
void SelectColE(double a[][MAXN], int n) {                //选择列主元并进行消元
    double temp;                                          //用于记录消元时的因数
    for (int i = 1; i <= n; i++) {
        int r = i;
        for (int j = i + 1; j <= n; j++)
            if (fabs(a[j][i]) > fabs(a[r][i]))
                r = j;
        if (r != i)
            for (int j = i; j <= n + 1; j++)
            {double tp;                                   //与最大主元所在行交换
                tp = a[i][j];a[i][j] = a[r][j];a[r][j] = tp;
            }
        for (int j = i + 1; j <= n; j++) {                //消元
            temp = a[j][i] / a[i][i];
            for (int k = i; k <= n + 1; k++)
                a[j][k] -= a[i][k] * temp;
        }
        printf("第%d列消元后:\n", i);
        printM(a, 3);
    }
```

```
}
//高斯消元法(列选主元)
void Gauss(double a[][MAXN], int n) {
    SelectColE(a, n);                              //列选主元并消元成上三角
    printf("上三角的结果:\n");
    printM(a, 3);
    for (int i = n; i >= 1; i--) {                 //回代求解
        for (int j = i + 1; j <= n; j++)
            a[i][n + 1] -= a[i][j] * a[j][n + 1];
        a[i][n + 1] /= a[i][i]; }
}
int main() {
    double a[4][MAXN] = {                          //测试数据赋初值
        {0,  0,  0,  0,   0},
        {0,  2,  1,  -1,  8},
        {0,  -3, -1, 2,  -11},
        {0,  -2, 1,  2,  -3}
    };                                             //注意,此大括号后有一个分号
    Gauss(a, 3);
    for (int i = 1; i <= 3; i++)
        printf("  X%d = %.2f\n", i, a[i][4]);
    return 0;
}
```

程序运行结果如图 10-8 所示。

```
C:\Users\30991\Documents\未命名1.exe
第1列消元后的矩阵:
  -3.000,  -1.000,   2.000, -11.000,
   0.000,   0.333,   0.333,   0.667,
  -0.000,   1.667,   0.667,   4.333,
第2列消元后的矩阵:
  -3.000,  -1.000,   2.000, -11.000,
   0.000,   1.667,   0.667,   4.333,
  -0.000,   0.000,   0.200,  -0.200,
第3列消元后的矩阵:
  -3.000,  -1.000,   2.000, -11.000,
   0.000,   1.667,   0.667,   4.333,
  -0.000,   0.000,   0.200,  -0.200,
上三角的结果:
  -3.000,  -1.000,   2.000, -11.000,
   0.000,   1.667,   0.667,   4.333,
  -0.000,   0.000,   0.200,  -0.200,
  X1 = 2.00
  X2 = 3.00
  X3 = -1.00
```

图 10-8　例 10-7 的运行结果

【例 10-8】开关操作

有 N 个相同的开关,假设每个开关都只有两种状态(即开和关),某些开关有着相互联系,每当操作者切换某个开关状态时,与此开关相关联的开关也会相应地切换状态,如果这些相关联的开关的状态原来为开,切换后就变为关;如果原来为关,切换后就变为开。

操作者希望经过若干次开关操作后,使得最后 N 个开关达到一个特定的状态。对于任

意一个开关，最多只能进行一次开关操作，如果不计开关操作的顺序，要求计算并输出有多少种可以达到指定状态的方法。

输入格式：第一行输入整数 $K(1\leqslant K\leqslant 10)$，表示共有 K 组测试。

每组测试数据的格式如下。

第 1 行：一个数 $N(1\leqslant N\leqslant 28)$，表示共有 N 个可以操作的开关。

第 2 行：N 个 0 或 1 的数，表示 N 个开关的初始状态。

第 3 行：N 个 0 或 1 的数，表示操作结束后，希望 N 个开关达到的最终状态。

接下来每行两个数 I 和 J，表示如果操作第 I 个开关，第 J 个开关的状态也会变化；每组数据以输入 0　0 表示该组测试数据的结束。

输出格式：每组测试数据输出一行结果，如果 N 个开关能够达到最终状态，则输出可行的操作方法的总数，否则输出"No"。

输入样例：

```
2
3
0 0 0
1 1 1
1 2
1 3
2 1
2 3
3 1
3 2
0 0
3
0 0 0
1 0 1
1 2
2 1
0 0
```

输出样例：

```
4
No
```

分析：假设第 i 个开关的操作情况记为 x_i，$x_i=0$ 表示没有按下该开关，而 $x_i=1$ 表示操作者按下了该开关；再统计 $a_{i,j}$，其中 $a_{i,j}$ 表示第 i 个开关和第 j 个开关的关联情况，$a_{i,j}=0$ 表示按下了 j 开关不会影响 i 开关的状态，而 $a_{i,j}=1$ 表示按下了 j 开关必然影响 i 开关的状态，另外规定 $a_{i,j}$ 的值必为 1，即按下了某个开关，其自身的状态必然会改变。

某个开关的最终状态(记为 sd_i)，取决于该开关的初始状态(记为 sc_i)，也取决于与该开关相关联的开关的操作情况，并执行异或运算得到的结果；由此，可以列出如下的线性方程组(其中 xor 表示异或运算)：

$$
\begin{aligned}
&a_{1,1}x_1 \text{ xor } a_{1,2}x_2 \text{ xor } a_{1,3}x_3 \text{ xor } \cdots \text{ xor } a_{1,n}x_n = \mathrm{sd}_1 \quad \text{xor} \quad \mathrm{sc}_1\\
&a_{2,1}x_1 \text{ xor } a_{2,2}x_2 \text{ xor } a_{2,3}x_3 \text{ xor } \cdots \text{ xor } a_{2,n}x_n = \mathrm{sd}_2 \quad \text{xor} \quad \mathrm{sc}_2\\
&a_{3,1}x_1 \text{ xor } a_{3,2}x_2 \text{ xor } a_{3,3}x_3 \text{ xor } \cdots \text{ xor } a_{3,n}x_n = \mathrm{sd}_3 \quad \text{xor} \quad \mathrm{sc}_3\\
&\vdots\\
&a_{n,1}x_1 \text{ xor } a_{n,2}x_2 \text{ xor } a_{n,3}x_3 \text{ xor } \cdots \text{ xor } a_{n,n}x_n = \mathrm{sd}_n \quad \text{xor} \quad \mathrm{sc}_n
\end{aligned}
$$

异或其实就是不进位加法，根据以上线性方程组，可以写出其对应的增广矩阵，矩阵中的每个值是0或1，然后在执行高斯消元的过程中，把加、减法替换成异或，且不需要执行乘法，最终得到该异或方程组对应的阶梯形矩阵，若存在形如0=1的方程，则方程组无解，输出No，否则，因为自由元可以取0或1，所以线性方程组的解的数量等于2^y，其中y表示自由元的个数。

用C++语言程序实现此算法，源程序如下：

```
#include <iostream>         //引入 iostream 类库，其中定义了标准输入输出流对象
#include <cstring>          //引入 C++ 中的字符串处理函数
using namespace std;        //使用 C++ 的标准命名空间，其中包含 C++ 的标准库函数
const int N = 28;
int n;
int a[28][28];
int gauss()                 //高斯消元
{   int r, c;
    for(r = 1, c = 1; c <= n; c++)
    {                       //找到第 r ~ n 行中第 c 列系数不为 0 的一行
        int t = r;
        for(int i = r; i <= n; i++)
            if(a[i][c])
            { t = i;  break;  }
        if(!a[t][c]) continue;          //如果第 c 列没有为 1 的系数，跳过这一列的处理
        //把找出的这一行换到第 r 行
        for(int i = c; i <= n + 1; i++) swap(a[t][i], a[r][i]);
        //将第 r 行以外的所有行的第 c 列的系数都消成 0
        for(int i = r + 1; i <= n; i++)
            if(a[i][c])
                for(int j = n + 1; j >= c; j--)
                    a[i][j] ^= a[r][j];         //不进位加减法 = 异或
        r++;
    }
    int res = 1;                                //记录总方案数
    if(r < n + 1)                               //r < n + 1 说明存在自由元
    {   for(int i = r; i <= n; i++)
        {   if(a[i][n + 1]) return -1;          //1 = 0 说明无解
            res *= 2;                           //有一个自由元就乘以一个 2
        }
    }
    return res;
}
int main()
{   int T;
    scanf("%d", &T);
    while(T--)
    {
        memset(a, 0, sizeof a);                 //初始化
        scanf("%d", &n);
```

```
        //预处理系数矩阵
        for(int i = 1; i <= n; i++) scanf("%d", &a[i][n + 1]);
        for(int i = 1; i <= n; i++)
        {
            int x;
            scanf("%d", &x);
            a[i][n + 1] ^= x;
            a[i][i] = 1;
        }
        int x, y;
        while(scanf("%d%d", &x, &y), x || y) a[y][x] = 1;
        //高斯消元
        int t = gauss();
        if(t == -1) puts("No");
        else printf("%d\n", t);
    }
    return 0;
}
```

程序运行结果如图 10-9 所示。

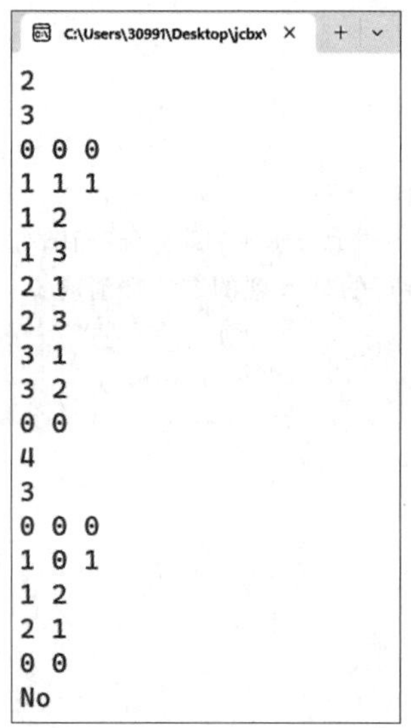

图 10-9　例 10-8 的运行结果

10.5　抽屉原理

抽屉原理又称鸽巢原理，它是数学中的基本原理之一。这个原理很容易理解，当我们需要把很多物体放到有限个集合中时，必然会有一个集合中会放置多于一个的物体。例如，如果有 x 个物品要放进 y 个抽屉里，而且 $x>y$，那么至少有一个抽屉里要放两个以上的物品，因为如果有 x 个物品，而现有的抽屉少于 x 个，必定无法把这么多物品放进这么少的抽屉里面，必然会有一个抽屉容纳不止一个物品；同理，如果把多于$(k\times x)$个的物品放进x个抽屉里，则有一个抽屉容纳的物品数至少为$(k+1)$个。该原理在概率论、组合数学、图论以及计算机算法等方面都有着广泛的应用。

【例 10-9】扑克牌游戏

从一副扑克牌（不计算大、小王，有方块、梅花、红桃、黑桃四种花色，共计 52 张）中，任意抽取出花色相同的 4 张扑克牌，问：至少抽取多少张扑克牌，才能保证满足要求？

分析：把四种花色看作 4 个抽屉，将每次任意抽取的扑克牌放进抽屉里，要使至少有一个抽屉容纳扑克牌的张数不小于 4，则抽取扑克牌的张数要大于 3×4（即 12），所以至少抽取(12+1)张扑克牌，必能保证满足要求。也可以这样理解，如果已经抽取了 12 张扑克牌，在最坏的情况下，每一种花色的扑克牌都抽取到了 3 张，要是再次任意抽取 1 张扑克牌，无论抽取得到的扑克牌是什么花色，必然有 4 张扑克牌的花色是相同的，所以至少抽取 13 张扑克牌，必能保证满足要求。

【例 10-10】数字游戏

有一数列 1,7,13,19,…,133,139,145。该数列为等差数列，公差值为 6，从中任取 14 个数，证明：其中必有两个数的和等于 152。

分析：此题可以使用抽屉原理解决。先思考如何构造抽屉，因为要求两个数的和等于 152，而 7+145=127，13+139=152，19+133=152，…数列中共有(145−1)/6+1=24+1=25 个数，考虑到 1 与数列中的其他某个数相加都不等于 152，可以把 1 单独作为一个抽屉，所以构造的抽屉为{1}、{7,145}、{13,139}、{19,133}、…、{73,79}，一共有(25−1)/2+1=12+1=13 个抽屉，从这 25 个数中任取 14 个数，即从 13 个抽屉中任取 14 个数，则必然有至少两个数在同一个抽屉中，同一个抽屉中的两个数之和必然等于 152。

【例 10-11】嗑瓜子

小张很喜欢嗑瓜子，瓜子有五香、山核桃、红枣、绿茶、奶油和椒盐等口味，所有口味的瓜子小张都喜欢。他现在有$n(n\leqslant 10^6)$种口味的瓜子，这n种口味的瓜子分别有$x_1,x_2,x_3,\cdots,x_n(x_i\leqslant 10^6)$颗。与众不同的是，小张嗑瓜子时，不喜欢连续吃同一种口味的瓜子，即可以先吃一颗五香味的，再吃一颗其他口味的。小张想知道的是，是否存在一种吃瓜子的顺序使得他能把所有瓜子都吃完？

输入格式：第 1 行输入整数$T(1\leqslant T\leqslant 100)$，表示共有$T$组测试数据。每组数据有两行，第 1 行输入整数$n$；第 2 行有$n$个数据输入，即分别输入$x_1,x_2,x_3,\cdots,x_n$的值。

输出格式：每组测试数据输出一行结果，输出“Yes”或者“No”。

输入样例：

```
2
3
4 1 1
5
5 4 3 2 1
```

输出样例：

```
No
Yes
```

分析：使用抽屉原理。能否完成要求，关键的元素就是最大颗数口味的瓜子，由于要求每次吃的瓜子口味不一样，当小张吃某一种瓜子时，不用管其他种类的瓜子还剩几颗，都可以拿最大数目的瓜子来凑数，以完成两次吃不同种类瓜子的要求。如果最大颗数口味的瓜子比其他口味瓜子的颗数之和还要大，例如比较极端的情况，现有五香瓜子 100 颗，其他口味瓜子的总颗数为 1 颗，此时小张可以先吃 1 颗五香瓜子，再吃另外 1 颗其他口味的瓜子，剩下 99 颗都是五香瓜子，剩下同一种口味的瓜子大于 1 颗，要吃完这些瓜子，必须连续吃同一种口味的，所以无法完成要求。因此，最大数目口味的瓜子数值设为 max，其他口味瓜子数目之和的数值设为 sum，若 max−sum>1，肯定不符合要求，输出 No；若 max−sum≤1，必然能够按要求吃完瓜子，输出 Yes。

用 C 语言程序实现此算法，源程序如下：

```
#include "stdio.h"
long x[1000001];                           //存储每一种口味瓜子的颗数
int main()
{   int t;                                 //需要测试的数据组数 t
    long n;                                //不同口味瓜子的种类数量
    scanf("%d",&t);
    for(long i = 1;i<= t;i++)
    {   scanf("%ld",&n);
        long max = 0;                      //某种口味的瓜子颗数最大值
        for(long j = 0;j<n;j++)
        {   scanf("%ld",&x[j]);
            if(max<x[j])
                max = x[j];
        }
        double sum = 0;                    //除颗数最大值的口味的瓜子外,其他口味
                                           //瓜子的总颗数
        for(long j = 0;j<n;j++)
        {   if(x[j]<max)                   //除颗数最大值的口味的瓜子外
            sum += x[j];
        }
        if(max - sum>1)   printf("No\n");
        else    printf("Yes\n");
    }
    return 0;
}
```

程序运行结果如图 10-10 所示。

```
C:\Users\30991\Desktop\jcbx\
2
3
4 1 1
No
5
5 4 3 2 1
Yes
```

图 10-10　例 10-11 的运行结果

10.6 容斥原理

容斥原理是组合数学中的一种算法，用于计算多个集合之间的交集和并集的元素数量。其基本思想是，为了计算多个集合的并集或交集，可以将每个集合的元素数量相加，但是这样会重复计算了交集中的元素，因此要减去所有可能的交集元素数量，可以用一个公式表示：

$$|A \cup B| = |A| + |B| - |A \cap B|$$

式中：A、B 分别表示两个集合；$|A|$、$|B|$ 分别表示它们的元素数量；$|A \cap B|$ 表示它们的交集元素数量。

这个公式可以推广到任意多个集合：

$$\left|A_1 \cup A_2 \cup \cdots \cup A_n\right| = \sum \left|A_i\right| - \sum \left|A_i \cap A_j\right| + \sum \left|A_i \cap A_j \cap A_k\right| - \cdots + (-1)^{(n-1)} \left|A_1 \cap A_2 \cap \cdots \cap A_n\right|$$

式中：$|A_1 \cup A_2 \cup \cdots \cup A_n|$ 表示多个集合的并集的大小；$|A_i|$ 表示第 i 个集合的大小；$|A_i \cap A_j|$ 表示第 i 个和第 j 个集合的交集大小，以此类推。

【例 10-12】对某单位的 100 名员工进行调查，结果发现员工喜欢看球赛、电影和戏剧。其中 58 人喜欢看球赛，38 人喜欢看戏剧，52 人喜欢看电影，既喜欢看球赛又喜欢看戏剧的有 18 人，既喜欢看电影又喜欢看戏剧的有 16 人，三种都喜欢看的有 12 人，那么只喜欢看电影的有多少人？

分析：可以使用容斥原理解决该问题。

设 A＝喜欢看球赛的人(58)，B＝喜欢看戏剧的人(38)，C＝喜欢看电影的人(52)

$A \cap B$＝既喜欢看球赛又喜欢看戏剧的人(18)

$B \cap C$＝既喜欢看电影又喜欢看戏剧的人(16)

$A \cap B \cap C$＝三种都喜欢看的人(12)

$A \cup B \cup C$＝看球赛、电影、戏剧至少喜欢一种的人(100)

根据公式：

$$A+B+C=A \cup B \cup C+A \cap B+B \cap C+C \cap A-A \cap B \cap C$$

因此

$$\begin{aligned} C \cap A &= A+B+C-(A \cup B \cup C+A \cap B+B \cap C-A \cap B \cap C) \\ &= 148-(100+18+16-12)=26 \end{aligned}$$

所以

$$只喜欢看电影的人=C-B \cap C-C \cap A+A \cap B \cap C=52-16-26+12=22$$

【例 10-13】某人有 N 个盒子，第 i 个盒子中有 A_i 枝花。同一个盒子内的花颜色相同，不同盒子内的花颜色不同。Devu 要从这些盒子中选出 M 枝花组成一束，求共有多少种方案？若两束花每种颜色的花的数量都相同，则认为这两束花是相同的方案。当 M 取较大值时，计算结果，即所求的方案数取值可能非常大，需对 10^9+7 取模后再输出。其中，M、N、A_i 满足：$0\leqslant M\leqslant 10^{14}$，$1\leqslant N\leqslant 20$，$1\leqslant A_i\leqslant 10^{12}$。

输入格式：第一行包含两个整数 N 和 M。第二行包含 N 个空格隔开的整数，表示 A_1，A_2，…，A_N。

输出格式：输出一个整数，表示方案数量对 10^9+7 取模后的结果。

输入样例：

```
3 5
1 3 2
```

输出样例：

```
3
```

分析：先假设每个盒子中花的数量是无限的，从第 i 个盒子里选花的枝数为 a_i，a_i 的取值区间为 $[0,+\infty]$，此时满足等式 $a_1+\cdots+a_N=M$，令 $b_i=a_i+1$，则 $b_1+\cdots+b_N=M+N$；所以可以用隔板法，在 $(M+N-1)$ 个空隙中插入 $(N-1)$ 个隔板，共有 C_{M+N+-1}^{N-1} 种方案，记为总方案数 y；题意要求满足 $a_1\leqslant A_1$，$a_2\leqslant A_2$，$a_3\leqslant A_3$，…，$a_n\leqslant A_n$ 的方案数记为 x，此时需要同时满足这 N 个条件，可以将问题转换为求总方案数减去至少不满足其中一个条件的方案；设不满足 i 的方案记为集合 S_i，则 $x=y-|S_1\cup S_2\cup\cdots\cup S_n|$，根据容斥原理，则 $x=y-|S_1|-|S_2|-\cdots-|S_3|+|S_1\cap S_2|+\cdots-|S_1\cap S_2\cap S_3|-\cdots$；如何求解 S_1？从第1组里取出至少 (A_1+1) 枝花，那么此时还需要取 $[M-(A_1+1)]$ 枝花，剩下的就是隔板，对应的方案数就是 $C_{M+N+-1-(A_1+1)}^{N-1}$，则 $|S_1\cap S_2|$ 的计算与 S_1 的计算相同，对应的方案数就是 $C_{M+N+-1-(A_1+1)-(A_2+1)}^{N-1}$，所以

$$x=C_{M+N+-1}^{N-1}-\sum_{i}^{N}C_{M+N+-1-(A_i+1)}^{N-1}+\sum_{i<j}^{N}C_{M+N+-1-(A_i+1)-(A_j+1)}^{N-1}-\cdots$$

用 C++语言程序实现此算法，源程序如下：

```
#include <iostream>                    //引入 iostream 类库,其中定义了标准输入输出流对象
#include <cstring>                     //引入 C++ 中的字符串处理函数
using namespace std;                   //使用 C++ 的标准命名空间,其中包含 C++ 的标准库函数
typedef long long LL;
const int N = 25, mod = 1e9 + 7;
int n;
LL m;
LL a[N];                               //a[i] 表示第 i 个盒子的鲜花数量
LL infact[N];                          //infact[i] 表示 i 的阶乘的逆元
int qmi(int a, int k)                  //快速幂
{
    int res = 1 % mod;
    while(k)
    {
        if(k & 1) res = (LL)res * a % mod;
        a = (LL)a * a % mod;
        k >>= 1;
    }
    return res;
```

```
}
int C(LL a, int b)                    //求组合数 C(a, b)
{
    if(a < 0 || b < 0 || a < b) return 0;//不合法方案数为 0
    a % = mod;                        //Lucas 定理
    if(!a || !b) return 1;
    int res = 1;                      //C(a, b) = P(a, b) / b!
    for(int i = a; i >= a - b + 1; i--) res = (LL)res * i % mod;
    res = (LL)res * infact[b] % mod;
    return res;
}
int main()
{   //预处理阶乘的逆元
    infact[0] = 1;
    for(int i = 1; i < N; i++) infact[i] = infact[i - 1] * qmi(i, mod - 2) % mod;
    scanf("%d%lld", &n, &m);
    for(int i = 1; i <= n; i++) scanf("%lld", &a[i]);
    //容斥原理求多重集组合数
    int res = 0;
    for(int x = 0;  x < (1 << n);  x++)
    {
        if(!x) res = (res + C(n + m - 1, n - 1)) % mod;//x = 0 代表 C(n + m + 1, n - 1)
        else                                         //其他项根据容斥原理累加方案数
        {
            LL t = n + m;
            int p = 0;
            for(int i = 0; i < n; i++)
                if(x >> i & 1)
                {
                    p++;
                    t=t- a[i + 1];
                }
            t = t- (p + 1);
            if(p & 1) res = (res - C(t, n - 1)) % mod;  //奇数项减
            else res = (res + C(t, n - 1)) % mod;       //偶数项加
        }
    }
    printf("%d\n", (res + mod) % mod);
}
```

程序运行结果如图 10-11 所示。

```
C:\Users\30991\Desktop\jcbx\
3 5
1 3 2
3
```

图 10-11 例 10-13 的运行结果

能力测试

1. 使用 rand()函数可产生一个伪随机数，这个伪随机数与 srand()函数的种子有关。编写程序，根据输入的正整数 n($n<16$)，用 n 作为随机种子产生 20 万个随机整数（直接用 rand()%n 得到），要求每一个随机数值都在[0，$n-1$]区间内，统计并输出各个数出现的概率。

2. 已知 **A** 矩阵是一个 3 行 4 列的整数矩阵，**B** 矩阵是一个 4 行 2 列的整数矩阵。计算并输出两矩阵的乘积矩阵 **C**。

3. 字符串加密，可以理解为对字符串的一种固定方式的变形，现定义一种基于种子数字的加密方法，首先计算种子数字，计算方法为将该字符串的长度对 5 求余加 1，以该数字为间隔，得到原字符串的子串并求逆得到最终的密码，例如，输入 abcdefghijklmn，输出 kfa。

第 11 章　学科竞赛中的常用算法

从本章开始,我们会认识学科竞赛中所常见的基本算法,巧妙地使用这些算法,能有效解决计算机所遇到的时间复杂度、空间复杂度过大的问题,合理应用算法,能有效提升计算思维能力和创新意识。本章将介绍枚举算法、递归算法、二分算法、KMP 算法、贪心算法、图的遍历、分治算法前缀和问题、差分算法等。

【学习目标】

1. 掌握八种常见算法的思想。

2. 能使用 C/C++等编程语言实现算法的核心思想,提高学生用计算思维解决实际问题的能力。

11.1　枚举算法

枚举法就是用计算机思维枚举出所有可能的发生。它的核心思想是从所有候选答案中搜索正确的解答。使用该算法需要满足以下两个条件。

(1) 要预先确定候选答案的数量。

(2) 候选解的范围在求解之前必须有一个确定的集合。

【例 11-1】四平方和

四平方和定理,通常被称为拉格朗日定理,指每个正整数都可以用至多 4 个正整数的平方和来表示(包括 0)。对于一个正整数而言,存在多种四平方和的表达。要求所选取的4 个数排序:$0\leqslant a\leqslant b\leqslant c\leqslant d$,并对所有的可能表示法按 a、b、c、d 为联合主键升序排列,最后输出第一个表示法。

程序输入为一个正整数 $N(N<5000000)$,要求输出 4 个非负整数,按从小到大排序,中间用空格分开,给予 C/C++时间限制、1.0s 和内存限制、256.0MB 的限制。

比如:

5 = 0^2 + 0^2 + 1^2 + 2^2

9 = 0^2 + 0^2 + 2^2 + 2^2

输入:5

输出:0 0 1 2

输入:13

输出:0 0 2 3

输入:773535

输出:1 1 267 838

输入:7

输出:1 1 1 2

分析:4个数按字典顺序的规则枚举为 a、b、c、d,目的是找到对应的4个数。其实,枚举了 a、b、c 之后,就会发现不需要枚举 d,而是可以直接得出 d,这样操作可以降低时间复杂度。

用 C++语言程序实现此算法,源程序如下:

```
#include<iostream>
#include<cmath>
using namespace std;
int main(){
    int n;
    cin>>n;                                          //输入数据
    for(int a=0;a*a<=n;a++){
        for(int b=a;a*a+b*b<=n;b++){
            for(int c=b;a*a+b*b+c*c<=n;c++){
                int d=sqrt(n-a*a-b*b-c*c);           //求出 d
                if(a*a+b*b+c*c+d*d==n){              //判断 a,b,c,d 是否符合题意
                    cout<<a<<" "<<b<<" "<<c<<" "<<d<<" "<<endl;//输出
                    return 0;                        //只有一组题解,直接用 return 返回
                }
            }
        }
    }
    return 0;
}
```

代码优化:上面程序的时间复杂度达到 $O(n^{1.5})$,已经超过所给定的1.0s的时间限制。因此,需要考虑代码的优化问题,使其达到 $O(n)$ 或者 $O(n\log n)$。

通过题干要求所知,可以提前预处理出 c 和 d 的所有情况(这一步的时间复杂度为 $O(n)$),然后再枚举 a 和 b(这一步的时间复杂度也是 $O(n)$),利用 $n-a-b$ 的结果,在 c 和 d 的所有情况中进行二分查找($O(\log n)$),通过上述操作,时间复杂度可以优化到 $O(n\log n)$。

优化后的代码实现如下:

```
#include<bits/stdc++.h>            //万能头文件
using namespace std;
const int N=5e6+10;
struct node{
    int s;
    int c;
    int d;
    bool operator < (const node & t)const
    {
        if(s!=t.s)return s<t.s;
        else if(c!=t.c)return c<t.c;
        return d<t.d;
    }
```

```
//结构体重载,用于排序的,首先要保证 c×c+d×d 是从小到大的,其次是保证 c 和 d 从
//小到大排序,也就是三关键字排序,这样就可以保证出现的答案是第一个出现的,也
//就是保证字典序最小
}cnt[N];
int idx;                                    //记录 cnt 个数

int main()
{
    int n;
    cin>>n;                                 //输入
    for(int i = 0;i * i< = n;i + + )
    for(int j = i;i * i + j * j< = n;j + + )       //从 i 开始,不能出现 j<i 的情况
    {
        cnt[idx + + ] = {i * i + j * j,i,j};    //存储 c 和 d 的所有情况
    }
    sort(cnt,cnt + idx);                    //排序 O(nlogn)
    for(int a = 0;a * a< = n;a + + )
    for(int b = a;a * a + b * b< = n;b + + )       //从 a 开始,不能出现 b<a 的情况
    {
        int t = a * a + b * b;
        t = n - t;
        int l = 0,r = idx - 1;
        while(l<r)                          //进行二分查找,找到第一个大于等于 t 的数
        {
            int mid = l + r>>1;
            if(cnt[mid].s> = t)r = mid;
            else l = mid + 1;
        }

        if(cnt[r].s = = t){                 //找到了之后需要验证一下是否正确
            printf(" %d %d %d %d",a,b,cnt[r].c,cnt[r].d);
            return 0;                       //正确了直接就退出了
        }
    }
    return 0;
}
```

11.2 递归算法

自己调用自己的算法称为递归算法。俄罗斯特产的木质玩具套娃就是大的套娃里面还有与它相似的若干个小套娃,一个套一个,直到最小的套娃结束。和套娃类似的递归算法,它有两个基本条件。

(1) 给出结束条件。

(2) 状态转换方程:调用本身。

递归的实现是基于栈的数据结构,栈具有先进后出的特点。

【例 11-2】寻宝图

给定一幅地图，其中有水域，有陆地。被水域完全环绕的陆地是岛屿，有些岛屿上埋藏有宝藏，这些有宝藏的点也被标记出来了。请你统计一下，给定的地图上一共有多少岛屿，其中有多少是有宝藏的岛屿。

输入格式：输入第一行给出两个正整数 N 和 $M(1<N\times M\leqslant 10^5)$，这是地图的尺寸，表示地图由 N 行 M 列格子构成。随后 N 行，每行给出 M 位个位数，其中 0 表示水域，1 表示陆地，2～9 表示宝藏。

注意：两个格子共享一条边时，才是相邻的。宝藏都埋在陆地上。默认地图外围全是水域。

输出格式：在一行中输出两个整数，分别是岛屿的总数量和有宝藏的岛屿的数量。

输入样例：

```
    10 11
    010000001
51
    110000001
11
    001100008
11
    001101000
10
    000000000
00
    000001110
00
    001141110
00
    001100100
00
    000190000
10
    001200000
01
```

输出样例：

```
7 2
```

分析：直接通过递归搜索、模拟即可完成。只要找到一处陆地，就把与这块陆地接壤的陆地全部视为海洋，如果发现宝藏标记一下即可。

用 C++语言程序实现此算法，源程序如下：

```
#include<bits/stdc++.h>
using namespace std;
int n, m;
vector<vector<int> > v;                    //二维数组
bool flag;
void check(int x, int y)
    {                                      //将接壤的陆地全部标记为海洋
            if (v[x][y] = =0)
```

```
            return;
        if (v[x][y]>1)
            flag = true;                        //有宝藏,标记
                v[x][y] = 0;                    //发现过的陆地当作海洋,避免重复
        if (x > 0)
            check(x - 1, y);                    //正上方为陆地
        if (x < n - 1)
            check(x + 1, y);                    //正下方为陆地
        if (y > 0)
            check(x, y - 1);                    //正左方为陆地
        if (y < m - 1)
            check(x, y + 1);                    //正右方为陆地
}
int main()
{
        cin >> n >> m;
        for (int i = 0; i < n; i++)
        {
            string s;
            cin >> s;
            vector<int> vv;
            for (int j = 0; j < m; j++)
                vv.push_back(s[j] - '0');
                v.push_back(vv);                //将输入存入二维数组 v 中
        }
        int res1 = 0, res2 = 0;                 //定义变量岛屿和宝藏数
        for (int i = 0; i < n; i++)
        {
            for (int j = 0; j < m; j++)
            {
                if (v[i][j] == 0)continue;      //如果是海洋直接跳过
                    res1++;
                    flag = false;
                    check(i, j);                //将接壤的陆地全部标记为海洋
                if (flag == true)
                res2++;
            }
        }
        cout << res1 << " " << res2 << endl;
        return 0;
}
```

11.3 二分算法

二分算法就是通过折半查找法进行枚举实现。在二分搜索过程中,我们每次都会通过把查询的区间减半来提高查找速度,所以对于一个长度为 n 的数组,至多会进行 $O(\log n)$ 次

查找,最优时间复杂度为$O(1)$。二分算法的具体步骤如下。

(1) 给出二分范围$[l,r]$。

(2) 求出范围中点 mid$=(l+r)/2$。

(3) 判断 check(mid)是 true 还是 false,check 函数可以判断查找结果是否正确。

(4) 若为真,则令 $l=$mid,否则令 $r=$mid。

(5) 循环(2)~(4),直到查找结果满足要求,则二分到 $r-l\leqslant1$ 为止。

用 C++语言程序实现此算法,源程序如下。

1. 整数二分模板

(1) 方式一

```
int l = 0, r = 1e9;
while(l < r)
{
    int mid = l + r >> 1;
    if(check(mid)) r = mid;
    else l = mid + 1;
}
```

(2) 方式二

```
int l = 0, r = 1e9;
while(l < r)
{
    int mid = l + r + 1 >> 1;
    if(check(mid)) l = mid;
    else r = mid - 1;
}
```

2. 浮点二分模板

```
double l = 0, r = 1e9, eps = 1e-8;
while(l + eps < r)
{
    double mid = (l + r) / 2;
    if(check(mid)) r = mid;
    else l = mid;
}
```

【例 11-3】分蛋糕

小明过生日,邀请 K 位小朋友到他家做客,小明拿出了蛋糕招待小朋友们。小明一共有 N 块蛋糕,其中第 i 块是 $S_i\times W_i$ 的方格组成的长方形。为了公平起见,小明需要从这 N 块蛋糕中切出 K 块蛋糕分给小朋友们。切出的巧克力需要满足以下要求。

(1) 形状是正方形,边长是整数。

(2) 大小相同。

例如一块 6×5 的蛋糕可以切出 6 块 2×2 的蛋糕或者 2 块 3×3 的蛋糕。当然小朋友们都希望得到的蛋糕尽可能大,你能帮小明计算出最大的边长是多少吗?

输入格式:第一行包含两个整数 N 和 $K(N\geqslant1,K\leqslant100000)$。以下 N 行每行包含两个整数 S_i 和 $W_i(S_i\geqslant1,\ W_i\leqslant100000)$。输入保证每位小朋友至少能获得一块$1\times1$ 的蛋糕。

输出格式：输出切出的正方形蛋糕最大可能的边长。

样例输入：

```
2 10
6 5
5 6
```

样例输出：

```
2
```

资源约定：峰值内存消耗(含虚拟机)＜256MB　　　　CPU 消耗＜1000ms

分析：

(1) 结果一定是属于一个区间，当这个区间很大时，暴力(枚举算法)是一定会超时的。

(2) 如果这个区间对题目中的某个量是有单调性的，那么就采用二分算法。二分算法每做一次判断，看对应的那个量是否达到了需要的大小，同时也会把原区间缩小一半。

(3) 根据题意定义一个 check()函数，如果满足 check，就放弃右半(或左半)区间；如果不满足，就放弃右半(或左半)区间，一直往复，直至找到最终的结果。

用 C++语言程序实现此算法，源程序如下：

```
#include<iostream>
using namespace std;
const int N = 100010;
int h[N],w[N];                          //存放蛋糕边长的两个数组
int n,k;                                //n 块蛋糕,k 个小朋友
bool check(int mid)                     //该函数判断 mid 是否满足条件
{
    int sum = 0;                        //sum 记录最多可以分给几个小朋友
    for(int i = 0;i<n;i + + ){          //枚举每一块蛋糕
        sum + = (h[i]/mid) * (w[i]/mid);    //该块蛋糕最多分成几份
        if(sum> = k)return true;        //满足题意,返回 true
    }
    return false;                       //循环结束,不满足题意,返回 false
}
int main()
{
    cin>>n>>k;
    for(int i = 0;i<n;i + + )
    cin>>h[i]>>w[i];                    //输入每块蛋糕的边长
        int l = 1,r = 1e5;              //最少 1×1,所以 l = 1,r 取最大值
    //标准的整数二分模板
    while(l<r)
    {                                   //二分法
        int mid = l + r + 1>>1;
        //表示当前 mid 方案可行,但不一定是最大边长,可以继续尝试是否还能分得更大,取右
        //区间
        if(check(mid))l = mid;
        else r = mid - 1;               //mid 方案不可行,取左区间
    }
    cout<<l<<endl;                      //输出最大边长
```

```
    cout<<r<<endl;                                  //一般都是输出 r
    return 0;
}
```

11.4　字符串查找问题(KMP 算法)

KMP 算法是解决字符串匹配的一种高效算法，它对枚举算法所使用的一一比对的方法进行了优化，大大降低了字符串查找的时间复杂度。KMP 算法的实现，需要设置以下数据结构。

(1) s[]是模式串，即比较长的字符串。

(2) q[]是模板串，即比较短的字符串。

(3) 非平凡前缀：指除了最后一个字符以外，一个字符串的全部头部组合。

(4) 非平凡后缀：指除了第一个字符以外，一个字符串的全部尾部组合。

(5) 部分匹配值：前缀和后缀的共有元素的最长长度。

(6) next[]是部分匹配值表，即 next 数组，用来存储每一个下标对应的部分匹配值。

KMP 算法的核心思想为：在每次失配时，不是把 q 串往后移一位，而是把 q 串往后移动至下一次可以和前面部分匹配的位置，这样就可以跳过大多数的失配步骤。而每次 q 串移动的步数是通过查找 next[]数组确定的。

【例 11-4】KMP 字符串

给定一个字符串 s，以及一个模式串 q，所有字符串中只包含大小写英文字母和阿拉伯数字。模式串 q 在字符串 s 中多次作为子串出现。求出模式串 q 在字符串 s 中所有出现的位置的起始下标。

输入格式：第 1 行输入整数 N，表示字符串 q 的长度。第 2 行输入字符串 q。第 3 行输入整数 M，表示字符串 s 的长度。第 4 行输入字符串 s。

输出格式：共一行，输出所有出现位置的起始下标(下标从 0 开始计数)，整数之间用空格隔开。

数据范围：$1 \leqslant N \leqslant 10^5$，$1 \leqslant M \leqslant 10^6$。

输入样例：

```
3
aba
5
ababa
```

输出样例：

```
0 2
```

分析：一道很经典的 KMP 算法问题，本题的核心就在于 KMP 算法，每次匹配成功即可输出。

用 C++语言程序实现此算法，源程序如下：

```
#include<iostream>
```

```
using namespace std;
char s[1000010],q[100010];                    //s 表示母串,q 表示子串
int ne[100010];
int main()
{
    int n,m;
    cin>>n>>q + 1>>m>>s + 1;                  //完成输入
    for(int i = 2,j = 0;i< = n;i + + )
    {
        //若前后缀匹配不成功,反复令 j 回退,直至到 - 1 或是 s[i] = = s[j + 1]
        while(j&&q[i]! = q[j + 1])j = ne[j];
        //匹配成功时,最长相等前后缀变长,最长相等前后缀最后一位变大
        if(q[i] = = q[j + 1])j + + ;
        ne[i] = j;                            //令 ne[i] = j,以方便计算 next[i + 1]
    }                                         //完成了 ne 数组,ne 数组的完成是子串自己对
                                              //自己匹配,所以两个 for 有极高的相似之处

    for(int i = 1,j = 0;i< = m;i + + )
    {
        while(j&&s[i]! = q[j + 1])j = ne[j];
        if(s[i] = = q[j + 1])j + + ;
        if(j = = n){                          //表示匹配成功
            printf(" %d ",i - j);
                //匹配成功时,文本串结束位置减去模式串长度即为起始位置
                //模板串在模式串中出现的位置可能是重叠的
                //需要让 j 回退到一定位置,再让 i 加 1 继续进行比较
                //回退到 ne[j]以保证 j 最大,即已经成功匹配的部分最长
            j = ne[j];                        //继续下一次的匹配
        }
    }
    return 0;
}
```

11.5 贪心算法

贪心算法是指在求解问题时,总是做出在当前看来最好的选择。贪心算法不是对所有问题都能得到整体最优解,而是只做出在某种意义上的局部最优解。算法的关键在于贪心策略的选择,选择的贪心策略必须具备无后效性,即某个状态以前的过程不会影响以后的状态,只与当前状态有关。贪心算法一般有以下四个解题步骤。

(1) 建立数学模型并描述问题。

(2) 把求解的问题分成若干个子问题。

(3) 对每一子问题求解,得到子问题的局部最优解。

(4) 把子问题的局部最优解合成原来问题的一个解。

【例 10-5】小明给糖果你吃

小明有 n 堆糖果，每堆有 $A[i]$个，小明说你只能拿 m 次糖果，聪明的你一定想要拿最多的糖果来吃吧!

输入格式：第 1 行两个数字 n 和 m，第 2 行有 n 个数字 $A[i]$。

输出格式：输出一行表示最多能拿几个糖果。

样例输入：

```
2 2
1 2
```

样例输出：

```
3
```

分析：这是一道贪心算法的题目，既然要拿尽可能多的糖，那就每次都拿最多的即可。策略就是先降序排序，然后依次累加。

用 C++语言程序实现此算法，源程序如下：

```
#include<iostream>
using namespace std;
const int N = 1e6 + 10;
typedef long long ll;
int a[N];
int n,m;
int main()
{
    cin>>n>>m;
    for(int i = 1; i <= n; i ++ ) cin>>a[i];
    sort(a + 1,a + 1 + n,greater<int>() );           //从大到小排序
    ll ans = 0;                                      //计算答案
    for(int i = 1; i<= m; i+ + ) ans + = a[i];       //直接贪心的加最大的 m 个就是答案
    cout<<ans;
    return 0;
}
```

11.6 图的遍历——深度优先遍历算法

深度优先遍历属于图的遍历算法。算法的主要思路是：从图中一个未访问的顶点 V 开始，沿着一条路一直走到底，然后从这条路尽头的节点回退到上一个节点，再从另一条路开始走到底，不断递归重复此过程，直到所有的顶点都遍历完成，它常常被称为暴力模拟算法。

【例 11-6】深入虎穴

革命战争时期，共产党人为了赢取战争的胜利，通过及时获取敌方的机密情报，成功完成了很多革命任务，为抗日革命争取了宝贵的机会。已知情报藏在一个地下迷宫里，迷宫只有一个入口，里面有很多条通路，每条路通向一扇门。每一扇门背后或者是一个房间，或者又有很多条路，同样是每条路通向一扇门。其革命工作者的手里有一张表格，是其他共产党

人帮他收集到的情报，他们记下了每扇门的编号，以及这扇门背后的每一条通路所到达的门的编号。革命工作者发现不存在两条路通向同一扇门。内线告诉他，情报就藏在迷宫的最深处。但是这个迷宫太大了，他需要你的帮助，请编程帮他找出距离入口最远的那扇门。

输入格式：首先在一行中输入正整数 $N(<10^5)$，N 是门的数量。最后 N 行，第 i 行（$1\leqslant i\leqslant N$）按以下格式描述编号为 i 的那扇门背后能通向的门：K D[1] D[2] … D[K]，其中 K 是通道的数量，其后是每扇门的编号。

输出格式：在一行中输出距离入口最远的那扇门的编号，题目保证这样的结果是唯一。

输入样例：

```
in
13
3 2 3 4
2 5 6
1 7
1 8
1 9
0
2 11 10
1 13
0
0
1 12
0
0
```

输出样例：

```
out
12
```

分析：题意很明确，要找到离入口最远的地方。但是，由于题目没有直接告诉入口的位置，所以我们需要去找入口。按照题目分析，只要没有前驱的门，便可以作为入口。通过深度优先遍历算法遍历每一条路，记录下最远那条路。

用 C++语言程序实现此算法，源程序如下：

```
#include<iostream>
#include<algorithm>
#include<cstring>
using namespace std;
const int N = 1e5 + 10, M = 2 * N, INF = 0x3f3f3f3f;
int n,h[N],e[N],ne[N],idx;                       //邻接表
int rd[N];
int ans;                                         //记录最大深度
int id;                                          //深度最大的编号

void add(int a,int b)                            //建边函数
{
    e[idx] = b, ne[idx] = h[a], h[a] = idx ++ ;
}
```

```
void dfs(int u,int shendu)
{
    if(ans < shendu){                               //说明最大深度可以被更新
        ans = shendu;                               //更新最大深度
        id = u;                                     //记录最新答案
    }
    for(int i = h[u]; ~i ; i = ne[i])               //~i 表示 i! = -1
    {
        int j = e[i];
        dfs(j,shendu + 1);                          //继续递归 i 的儿子 j
    }
}
int main()
{
    memset(h,-1,sizeof h);                          //初始化
    cin>>n;
    for(int i = 1; i <= n; i ++ )
    {
        int k;
        cin>>k;                                     //输出节点 i 有几条边
        for(int j = 1; j <= k; j ++ )
        {
            int t;
            cin>>t;
            add(i,t);                               //建立 i->t 的边
            rd[t] ++ ;                              //t 节点的入度加 1
        }
    }
    int root = 1;
    while(rd[root])root ++ ;                        //找根节点
    dfs(root,1);
    cout<<id;                                       //输出最优解编号
    return 0;
}
```

11.7 图的遍历——广度优先遍历算法

广度优先遍历属于图的遍历算法。算法是从图中一个未遍历的节点开始，先遍历这个节点的相邻节点，再依次遍历每个相邻节点的所有相邻节点，如此遍历下去，直到发现所有节点都被遍历一次为止。这种遍历的次序体现沿层次向横向扩展的趋势，所以称为广度优先遍历算法。

算法思想步骤如下。

(1) 从图中的某一顶点 V_0 开始，先访问 V_0。

(2) 访问所有与 V_0 相邻接的顶点 $V_1, V_2, \cdots, V_t$。

(3) 次访问与 $V_1, V_2, \cdots, V_t$ 相邻接的所有未曾访问过的顶点。

(4) 循此以往,直至所有的顶点都被访问过为止。

【例 11-7】深入虎穴(题目同例 11-6)

分析:广度优先遍历算法是一层一层遍历,题目要保证答案唯一,也就是说依次访问到最后一层一定是一个节点,因此只需要每遍历一层,记录一次节点即可。

用 C++语言程序实现此算法,源程序如下:

```
#include<iostream>
#include<algorithm>
#include<cstring>
#include<queue>
using namespace std;
const int N = 1e5 + 10, M = 2 * N, INF = 0x3f3f3f3f;
int n,h[N],e[N],ne[N],idx;                    //邻接表
int rd[N],depth[N],st[N];
int ans;                                      //记录最大深度
int id;                                       //深度最大的编号

void add(int a,int b)                         //建边函数 a - > b
{
    e[idx] = b, ne[idx] = h[a], h[a] = idx + + ;
}
void bfs(int u)
{
    //初始化 depth 使其每一位都等于 0x3f3f3f3f  差不多 1e9 大小
    memset(depth,0x3f,sizeof depth);

    depth[u] = 1;                             //起始点也有 1 的深度,所以初始化为 1
    queue<int> q;                             //队列
    q.push(u);
    while(q.size())                           //进行 bfs
    {
        int t = q.front();                    //取出队头
        q.pop();                              //弹出队头

        if(depth[t] > ans){                   //说明最大深度 ans 可以被更新
            ans = depth[t];                   //更新 ans
            id = t;                           //更新答案编号
        }
        for(int i = h[t]; !i= -1 ; i = ne[i])
        {
            int j = e[i];
            depth[j] = depth[t] + 1;
            //因为每个点只会走一次,所以遍历到 t 直接深度 + 1 就好了
            q.push(j);                        //再将 j 推入队列中
        }
    }
}
int main()
```

```
{
    memset(h, - 1,sizeof h);                    //初始化
    cin>>n;
    for(int i = 1; i <= n; i + + )
    {
        int k;
        cin>>k;                                 //输出节点 i 有几条边
        for(int j = 1; j <= k; j + + )
        {
            int t;
            cin>>t;
            add(i,t);                           //建立 i - >t 的边
            rd[t] + + ;                         //t 节点的入度加 1
        }
    }
    int root = 1;
    while(rd[root])root + + ;                   //找根节点
    bfs(root);
    cout<<id;
    return 0;
}
```

11.8 分治算法

分治算法是将整个问题分解成若干个小问题后再分而治之。如果分解得到的子问题相对来说还是太大,则可反复使用分治策略将这些子问题分成更小的同类型子问题,直至产生方便求解的子问题,必要时逐步合并这些子问题的解,从而得到问题的解。

分治算法一般情况下由递归过程表示,因为分治法就是一种找大规模问题与小规模问题关系的方法,是递归设计的一种具体策略。

算法思想步骤如下。

(1) 分解:将原问题分解为若干规模较小、相互独立且与原问题相同的子问题。

(2) 解决:若干子问题较小且容易被解决的问题则直接解决,否则再继续分解为更小的子问题,直到容易解决。

(3) 合并:已求解的各个子问题的解,逐步合并为原问题的解。

【例 11-8】归并排序

给定一个长度为 N 的整数数列。请你使用归并排序对这个数列按照从小到大进行排序。并将排好序的数列按顺序输出。

输入格式:输入共两行,第 1 行包含整数 N;第 2 行包含 N 个整数(所有整数均在 1～10^9 范围内),表示整个数列。

输出格式:输出共一行,包含 N 个整数,表示排好序的数列。

数据范围:$1 \leqslant N \leqslant 10^5$。

输入样例:

5
3 1 2 4 5

输出样例：

1 2 3 4 5

分析：对数列排序是非常有实用性的数据使用操作。将数列进行大排序，可分解成若干个小排序，直至分到只有一个数，然后逐渐按照从小到大的顺序合并即可。

用C++语言程序实现此算法，源程序如下：

```
#include <bits/stdc++.h>
using namespace std;
const int N = 100010;
int n, a[N], temp[N];
void merge_sort(int l, int r)  {                    //递归边界
    if (l >= r) return;                             //确定分界点 mid
    int mid = l + r >> 1;                           //递归左右区间
    merge_sort(l, mid), merge_sort(mid + 1, r);     //分解为小排序
    int i = l, j = mid + 1;                         //定义全局变量
    int k = l;
    while (i <= mid && j <= r)                      //不需要再分治
        if (a[i] <= a[j]) temp[k++] = a[i++];       //继续分治
        else temp[k++] = a[j++];                    //继续分治,如果左区间还有元素
    while (i <= mid) temp[k++] = a[i++];            //继续分治,如果右区间还有元素
    while (j <= r) temp[k++] = a[j++];              //复制回原数组
    for (int i = l; i <= r; i++) a[i] = temp[i];
}
int main() {
    cin >> n;
    for (int i = 0; i < n; i++)
    cin >> a[i];                                    //输入需要排序的数组
    merge_sort(0, n - 1);                           //进行归并排序
    for (int i = 0; i < n; i++)
    cout << a[i] << " ";                            //输出排序后的结果
    return 0;
}
```

11.9 并查集

并查集是一种精巧的数据结构，非常实用，复杂度小于$O(\log_2 n)$。它主要用于处理一些不相交集合的合并及查询问题（也就是所谓的并查操作）。并查集在算法竞赛中极为常见，常常用于求解图中连通分支数。

并查集的基本操作有初始化、合并、查找和统计。具体操作举例如下。

(1) 初始化：定义一个整型数组 pre[]，记录每个点的前驱结点。

(2) 合并：定义两个函数 find()、join()。函数 find(x)用于查找指定结点 x 属于哪个集

合,函数 join(x,y)用于合并两个结点 x 和 y。

(3) 查找:通过递归过程,查找到元素的值和它的集相等的情况。

【例 11-9】合并集合

一共有 N 个数,编号是 $1\sim n$,最开始每个数各自在一个集合中。现在要进行 m 个操作,操作共有两种。

(1) M a b,将编号为 a 和 b 的两个数所在的集合合并,如果两个数已经在同一个集合中,则忽略此操作。

(2) Q a b,询问编号为 a 和 b 的两个数是否在同一个集合中。

输入格式:第 1 行输入整数 N 和 m。接下来 m 行,每行包含一个操作指令,指令为 M a b 或 Q a b 中的一种。

输出格式:对于每个询问指令 Q a b,都要输出一个结果,如果 a 和 b 在同一集合内,则输出 Yes;否则输出 No。每个结果占一行。

数据范围:$1<n,m>100000$。

输入样例:

```
4 5
M 1 2
M 3 4
Q 1 2
Q 1 3
Q 3 4
```

输出样例:

```
Yes
No
Yes
```

分析:题目本身是一个典型的并查集问题,这是一个树形结构,只有根的 f[]数组值是本身。

用 C++语言程序实现此算法,源程序如下:

```
#include<iostream>
using namespace std;
const int N = 1e5 + 10;
int p[N];
int n,m;
int find(int x)
{
    return x= = p[x]?x:p[x] = find(p[x]);                    //找根操作
}

int main()
{
    cin>>n>>m;
    for(int i = 1; i <= n; i + + ) p[i] = i;                 //初始化一开始的父结点都是自己
```

```
    while(m - - )
    {
        char op[2];
        int l,r;
        scanf(" % s % d % d",op,&l,&r);

        int pa = find(l), pb = find(r);                //找祖宗结点

        if( * op = = 'M'){
            if(pa ! = pb) p[pa] = pb;                  //将 l 的祖宗结点指向 r 的祖宗结点
        }
        else {
            if(pa = = pb) cout<<"Yes"<<endl;
            //如果二者的祖宗结点一样说明在一个连通块内
            else cout<<"No"<<endl;
            //否则说明不在一个连通块内
        }
    }
    return 0;
}
```

11.10　前缀和问题

前缀和是非常简单实用的算法。前缀和的核心思想是：快速地求解序列中第 1 个元素到第 i 个元素的总和，可以理解为求数列的某个区间的 n 项和。

【例 11-10】前缀和

输入一个长度为 N 的整数序列。接下来再输入 m 个询问，每个询问输入一对 l，r。对于每个询问，输出原序列中从第 l 个数到第 r 个数的和。

输入格式：第 1 行包含两个整数 N 和 m。第 2 行包含 N 个整数，表示整数数列。接下来 m 行，每行包含两个整数 l 和 r，表示一个询问的区间范围。

输出格式：共 m 行，每行输出一个询问的结果。

数据范围：$1\leqslant l\leqslant r\leqslant n$，$1\leqslant n,m\leqslant 100000$，$-1000\leqslant$数列中元素的值$\leqslant 1000$

输入样例：

```
5 3
2 1 3 6 4
1 2
1 3
2 4
```

输出样例：

```
3
6
```

```
10
```

分析:这就是一道很典型的前缀和题目,普通做法运用多重循环也能做,但是时间复杂度高。经过前缀和算法处理之后,访问一段区间和的时间复杂度直接改善了 $O(1)$。

用 C++语言程序实现此算法,源程序如下:

```
#include<iostream>
using namespace std;
const int N = 1e6 + 10;
typedef long long ll;
ll s[N];
int n,m;

int main()
{
    cin>>n>>m;
    for(int i = 1; i <= n; i ++ ) cin>>s[i], s[i] += s[i-1];
    //输入与前缀和求和操作同时进行
    while(m -- )                             //一共有 m 个询问操作
    {
        int l,r;
        cin>>l>>r;                           //输入询问区间(l,r)
        cout<<s[r] - s[l-1]<<endl;           //直接按照前缀和性质减一下
    }
    return 0;
}
```

11.11 差分算法

差分其实就是前缀和的逆运算,对于修改一段区间的值非常实用,大大降低了时间复杂度。

【例 11-11】差分

输入一个长度为 N 的整数序列。接下来输入 m 个操作,每个操作包含三个整数 l、r、c,表示将序列中$[l,r]$之间的每个数加上 c。请你输出所有操作后的序列。

输入格式:第 1 行包含两个整数 N 和 m。第 2 行包含 N 个整数,表示整数序列。接下来 m 行,每行包含三个整数 l、r、c,表示一个操作。

输出格式:共一行,包含 N 个整数,表示最终序列。

数据范围:$1\leqslant l\leqslant r\leqslant n$,$1\leqslant n,m\leqslant 100000$,$-1000\leqslant c\leqslant 1000$ $-1000\leqslant$ 数列中元素的值$\leqslant 1000$

输入样例:

```
6 3
1 2 2 1 2 1
1 3 1
3 5 1
1 6 1
```

输出样例：

3 4 5 3 4 2

分析：前缀和的逆运算，普通方法修改一个区间每个数的值就是挨个遍历，而差分也是将时间复杂度降到 $O(1)$，大大提高了效率。

用 C++语言程序实现此算法，源程序如下：

```
#include<iostream>
using namespace std;
const int N = 1e6 + 10;
int n,m;
int a[N],b[N];                          //a 是原数组 b 是差分数组

int main()
{
    cin>>n>>m;
    for(int i = 1;i <= n; i++ )
    {
        cin>>a[i];                      //输入原数组 a[i]
        b[i] = a[i] - a[i-1];           //求出差分数组
    }

    for(int i = 1;i <= m; i++ )         //有 m 次修改操作
    {
        int l,r,d;
        cin>>l>>r>>d;                   //输入修改操作区间和修改的权值
        //进行差分操作
        b[l] += d;
        b[r+1] -= d;
    }

    for(int i = 1;i <= n; i++ )
    {
        b[i] += b[i-1];                 //一边求前缀和一边输出
        cout<<b[i]<<" ";                //输出最终结果
    }
    return 0;
}
```

能力测试

1. 大精度计算，输入一个大于 0 的大整数 n，长度不超过 100 位，要求输出该整数除以 13 得到的商和余数。

输入格式：一个大于 0 的大整数，长度不超过 100 位。

输出格式：两行，分别为整数除法得到的商和余数。

样例输入：

```
2132104848488485
```

样例输出：

```
162008065268345
0
```

2. 并查集。“大家族”在我国是人丁兴旺的标志。过于庞大的家族，要判断两人之间是否是亲戚，就成为不太容易的事情。现在，要给出大家族的亲戚关系图，求任意给出的某个人所在家族的人数。

规定：a 和 b 是亲戚，b 和 c 是亲戚，那么 a 和 c 也是亲戚。如果 a 和 b 是亲戚，那么 a 的亲戚都是 b 的亲戚，y 的亲戚也是 x 的亲戚。

输入格式：第 1 行两个整数 $n,m(a\leqslant 100000,b\leqslant 200000)$，分别表示有 n 个人，m 个信息。

以下 m 行，信息包含两个形式。

M a b：表示 a 和 b 具有亲戚关系。

Q a：要求输出 a 所在家族的人数。

输出格式：要求输出 a 所在家族的人数。

样例输入：

```
5 10
M 3 2
Q 4
M 1 2
Q 4
M 3 2
Q 1
M 3 1
Q 5
M 4 2
Q 4
```

样例输出：

```
1
1
3
1
4
```

3. 广度优先遍历算法。当我们身处一处迷宫中时，往往会被错综复杂的道路弄得失去方向感，如果能得到迷宫地图，走出迷宫就成为分分钟完成的事情。

假设已经得到了一个 $x\times y$ 的迷宫图纸，请找到从起点到出口的最短路线。

输入格式：第一行是两个整数 x 和 $y(x\geqslant 1,y\leqslant 100)$，表示迷宫的行数和列数。接下来的 x 行，每行一个长为 y 的字符串，表示整个迷宫的布局。字符.表示空地，# 表示墙，S 表示起点，T 表示出口。

输出格式：从起点到出口最少需要走的步数。

样例输入：

```
3  3
S  #  T
.  #  .
.  .  .
```

样例输出：

```
6
```

参 考 文 献

[1] 许真珍，蒋光远，田琳琳.C 语言课程设计指导教程[M]. 北京：清华大学出版社，2016.

[2] 阮宏一. 数据结构课程设计：C 语言描述[M]. 北京：电子工业出版社，2022.

[3] 魏宇红，张少巍，张迪.C 程序设计项目教程[M]. 北京：航空工业出版社，2021.

[4] 陈萌，鲍淑娣. C 语言编程思维[M].2 版. 北京：清华大学出版社，2019.

[5] 高禹.C 语言程序设计[M].4 版. 北京：清华大学出版社，2018.

[6] 谭浩强.C 语言程序设计[M].4 版. 北京：清华大学出版社，2020.

[7] 高飞，白霞. 算法与高级语言程序设计[M]. 北京：电子工业出版社，2015.

[8] 童晶.C 和 C++游戏趣味编程[M]. 北京：人民邮电出版社，2021.

[9] 贾蓓，姜薇，镇明敏.C 语言编程实战宝典[M]. 北京：清华大学出版社，2015.

[10] 明日科技. C 语言从入门到精通[M].5 版. 北京：清华大学出版社，2021.

[11] MADHAV S. 游戏编程算法与技巧[M]. 刘瀚阳，译. 北京：电子工业出版社，2016.

[12] 张春燕. C 语言从入门到精通[M]. 北京：人民邮电出版社，2019.

[13] 吉星. C 高级编程：基于模块化设计思想的 C 语言开发[M]. 北京：机械工业出版社，2016.

[14] 蒋彦，韩玫瑰.C 语言程序设计[M]. 3 版. 北京：电子工业出版社，2018.

[15] 德洛莉丝 · M. 埃特尔. 工程问题 C 语言求解[M]. 宫晓利，周阳，张金，译. 北京：机械工业出版社，2017.

[16] 孟宁. 代码中的软件工程[M]. 北京：人民邮电出版社，2022.

[17] 熊聪聪，宁爱军.C 语言程序设计[M].3 版. 北京：人民邮电出版社，2021.

[18] 罗勇军，郭卫斌. 算法竞赛[M]. 北京：清华大学出版社，2022.

[19] 李煜东. 算法竞赛进阶指南[M]. 郑州：河南电子音像出版社，2018.

[20] 向培素. STM32 单片机原理与应用[M]. 北京：清华大学出版社，2022.

[21] 姜付鹏. Cortex-M3 嵌入式系统开发[M]. 北京：清华大学出版社，2023.

[22] 张淑清. 嵌入式单片机 STM32 原理及应用[M]. 北京：机械工业出版社，2019.